AF452920

Ecole d'Application de l'Artillerie et du Génie.

Fortification Permanente.

2e Partie.

2e Section.

Détails des Fortifications
construites ou réorganisées après 1885.

Par

le Capitaine du Génie Simoutre,
Professeur-Adjoint.

Planches.

1890.

2e Edition. — Octobre 1892.

Lithographie de l'Ecole d'Application de l'Artillerie et du Génie.

(3)

Profil de la Fortification

Fig. 1. — Profil ordinaire avec angle mort. Echelle de $\frac{1}{250}$e.

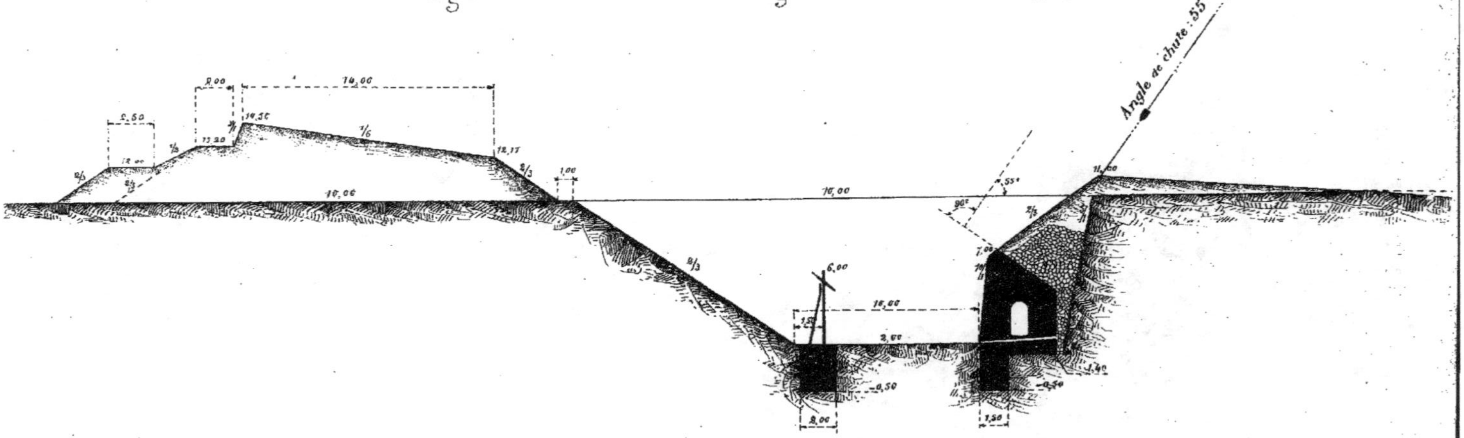

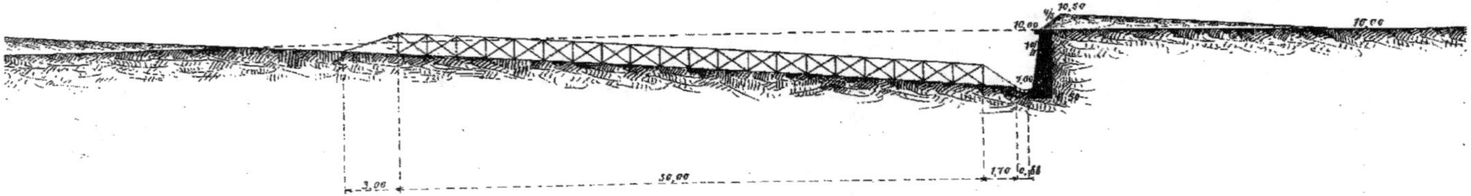

Profils de Contrescarpe.

1° Profils forts.

Fig 2 . _ Contrescarpe pleine en béton.

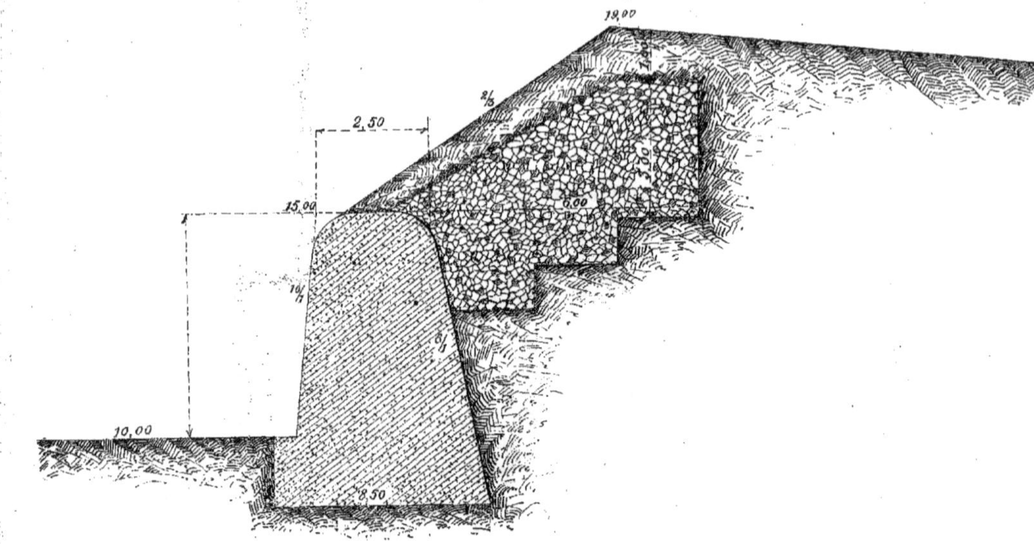

Contrescarpe évidée avec Galerie.

Fig. 3 . _ Profil de front de tête .   *Fig. 3.bis Profil de flanc .*

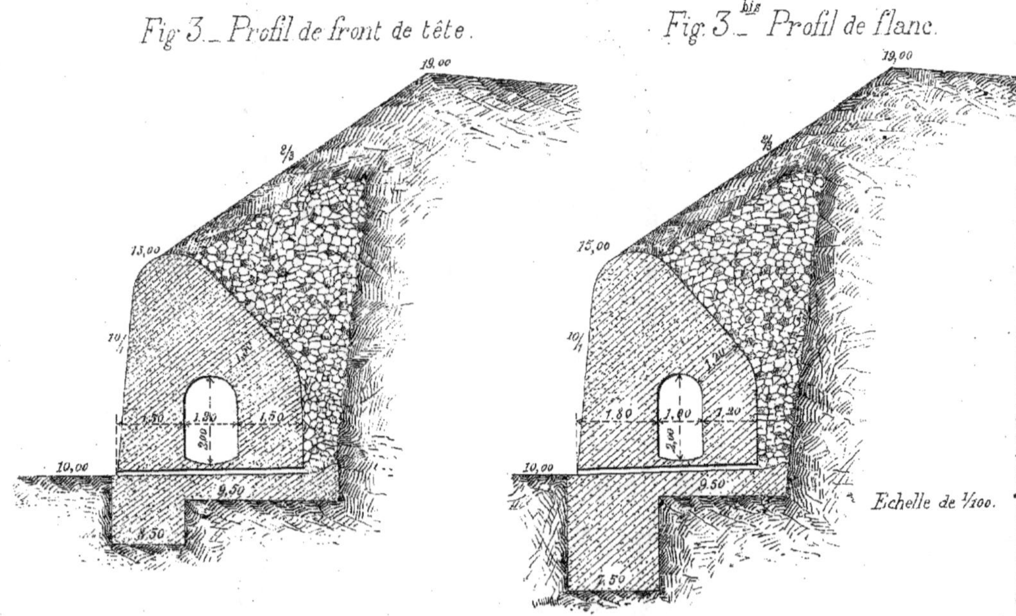

2° Profils réduits.

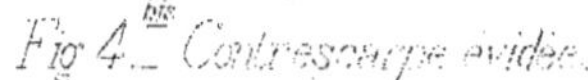

Fig. 4. Contrescarpe pleine.

Echelle de 1/100.

Fig. 4 bis. Contrescarpe évidée.

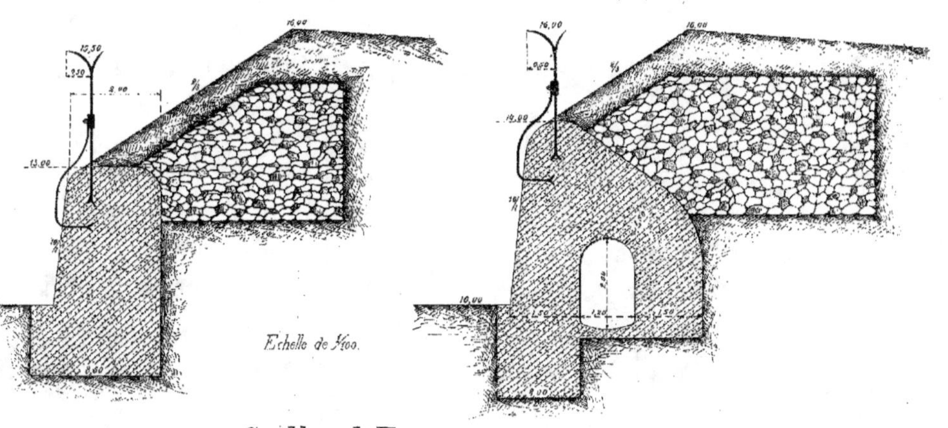

Grille d'Escarpe.

(Hauteur : 4 mètres)

Fig. 5. Plan et Élévation (Ech. de 1/100)

Fig. 5 bis

Coupe suivant A B.

Echelle de 1/40

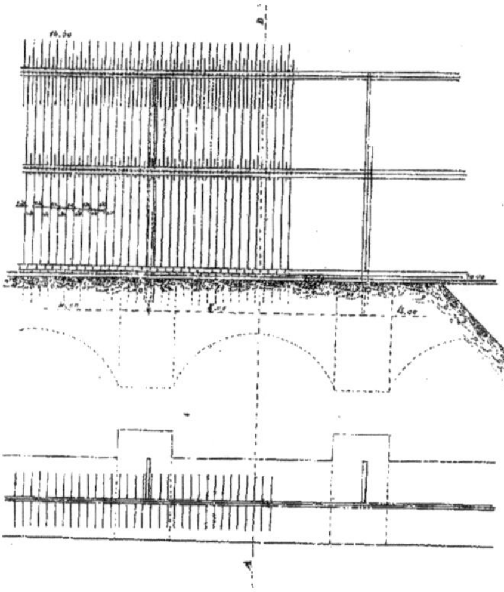

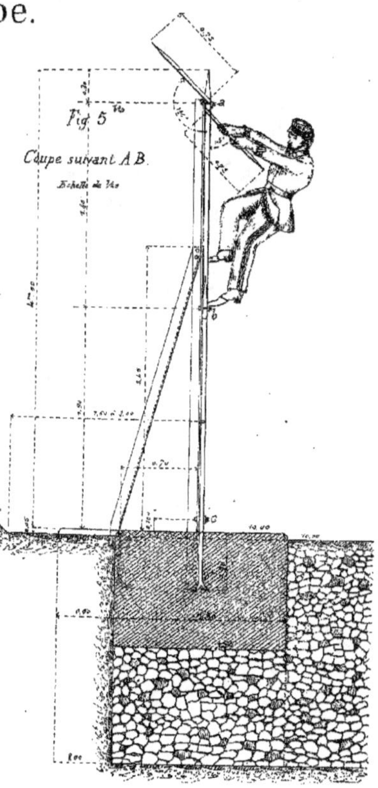

Fig 5 ter
Détails de divers éléments de la grille d'escarpe.
Echelle de 1/10.
Détail a.
Détail b.
Détail c.
Coupe mn.
Profil de fer
triangulaire à 3 cannelures

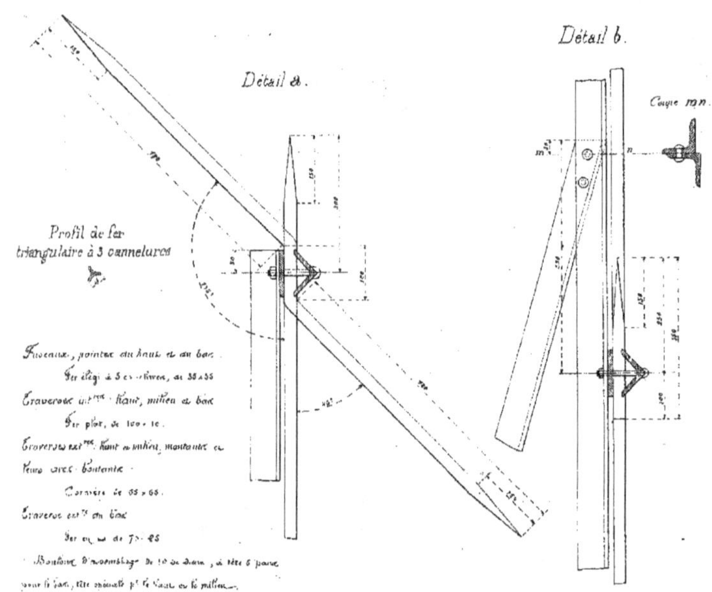

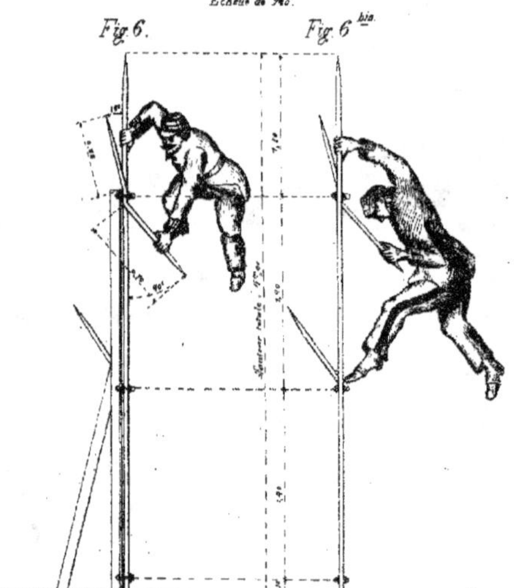

Grille d'escarpe n'empêchant pas tout franchissement.
Echelle de 1/40.
Fig. 6.
Fig. 6 bis.

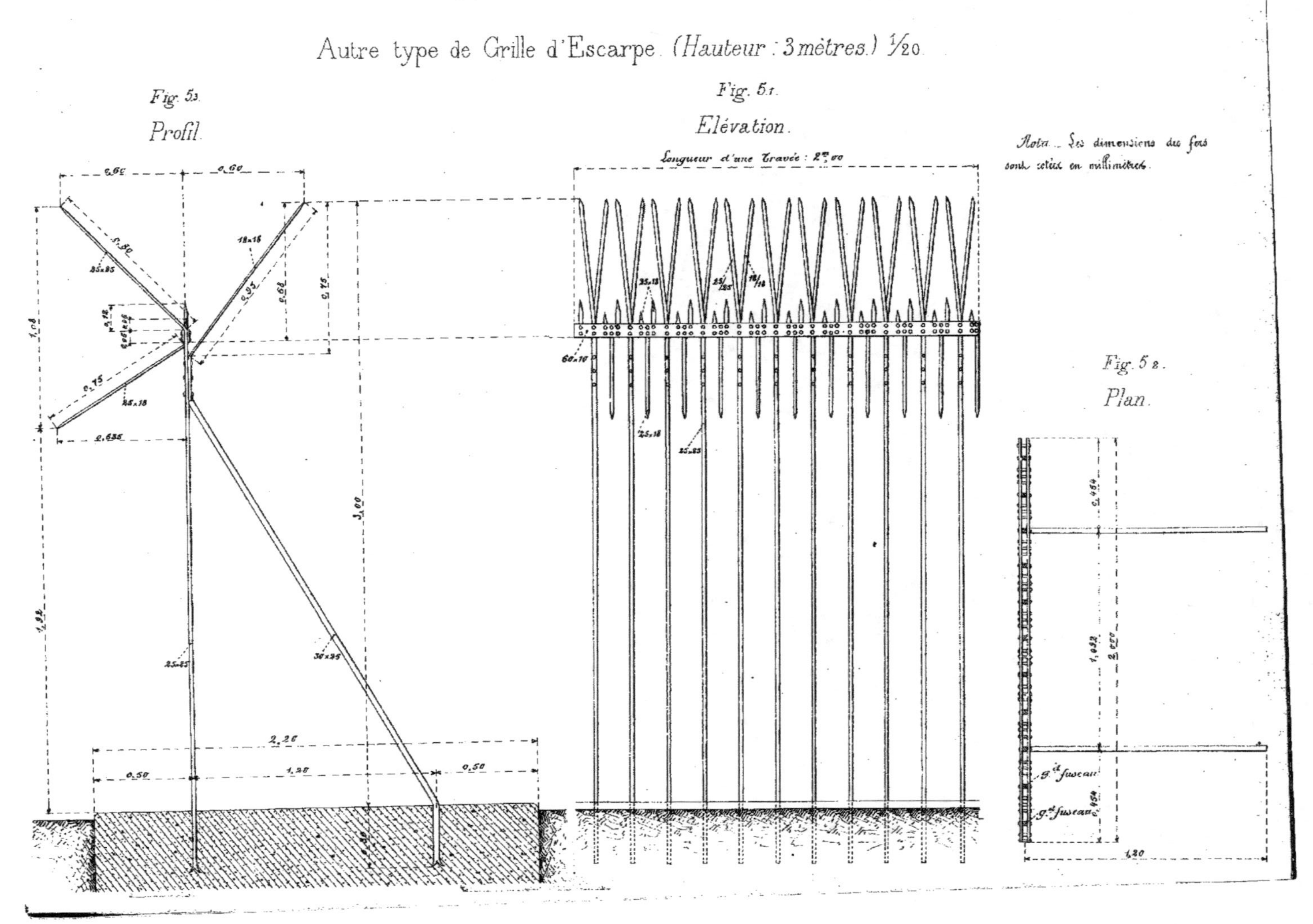

Autre type de Grille d'Escarpe. (Hauteur : 3 mètres.) 1/20
Fig. 5₃.
Profil.
Fig. 5₁.
Elévation.
Longueur d'une travée : 2ᵐ80
Nota. Les dimensions des fers
sont cotées en millimètres.
Fig. 5₂.
Plan.
Gᵈ fuseau
Gᵗ fuseau

Fig. 7.

Mur de socle en béton de ciment pour grille d'escarpe.

Echelle 1/50.

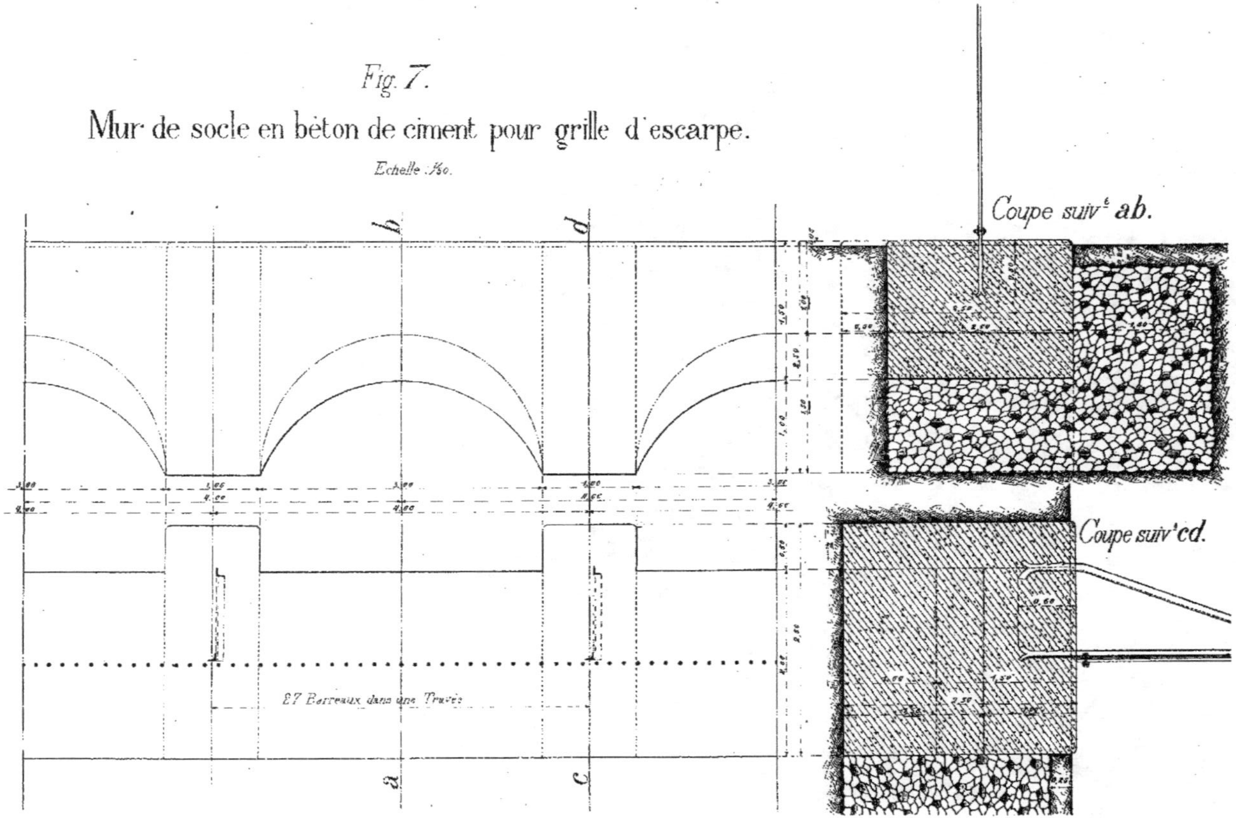

Grilles de couronnement de contrescarpe.

Fig. 8.   Echelle : 1/50   Fig. 8.bis

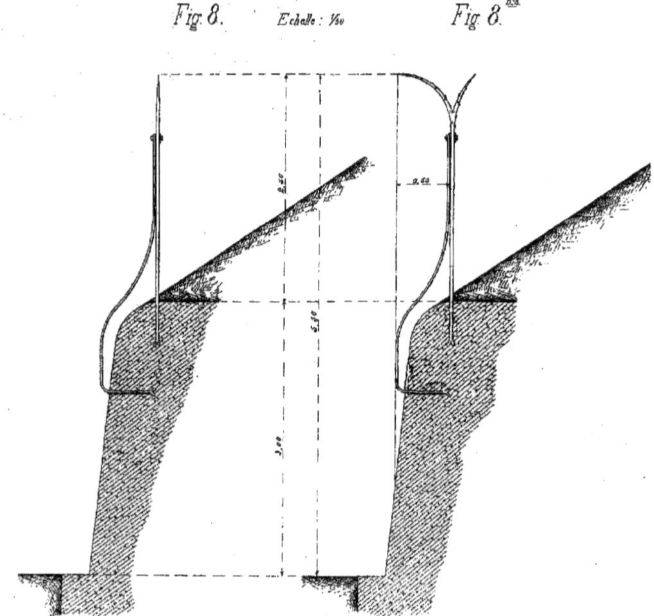

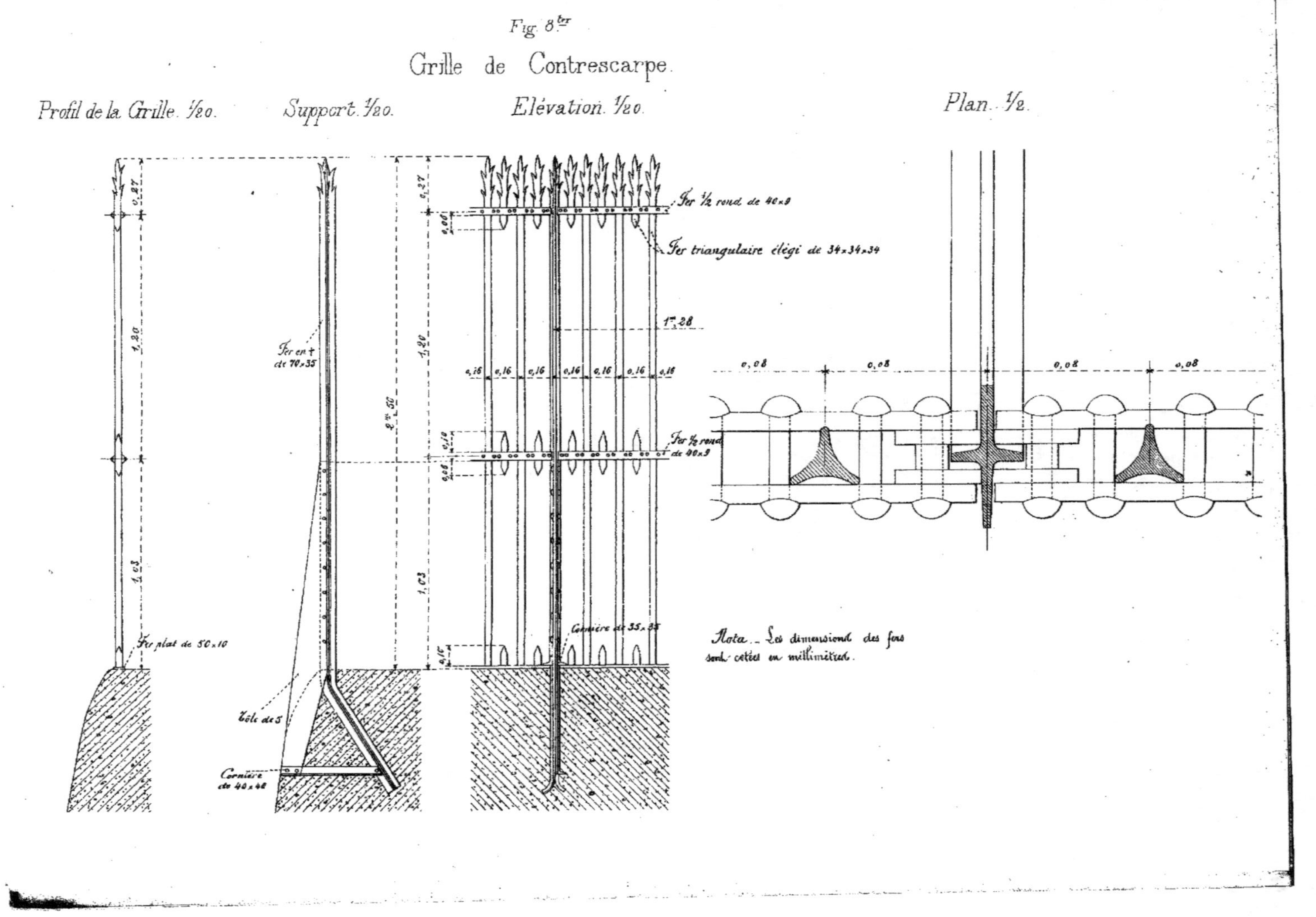

Fig. 8bis
Grille de Contrescarpe.
Profil de la Grille. 1/20.
Support. 1/20.
Elévation. 1/20.
Plan. 1/2.
Fer plat de 50×10
Fer en † de 70×35
Tôle de 5
Cornière de 40×40
Fer 1/2 rond de 40×9
Fer triangulaire élégi de 34×34×34
Fer 1/2 rond de 40×9
Cornière de 55×35
1m.28
0,16 0,16 0,16 0,16 0,16 0,16 0,16
0,08 0,08 0,08 0,08
Nota. — Les dimensions des fers sont cotées en millimètres.
2m.50
1,20
1,03
0,27

Parapet en sable.

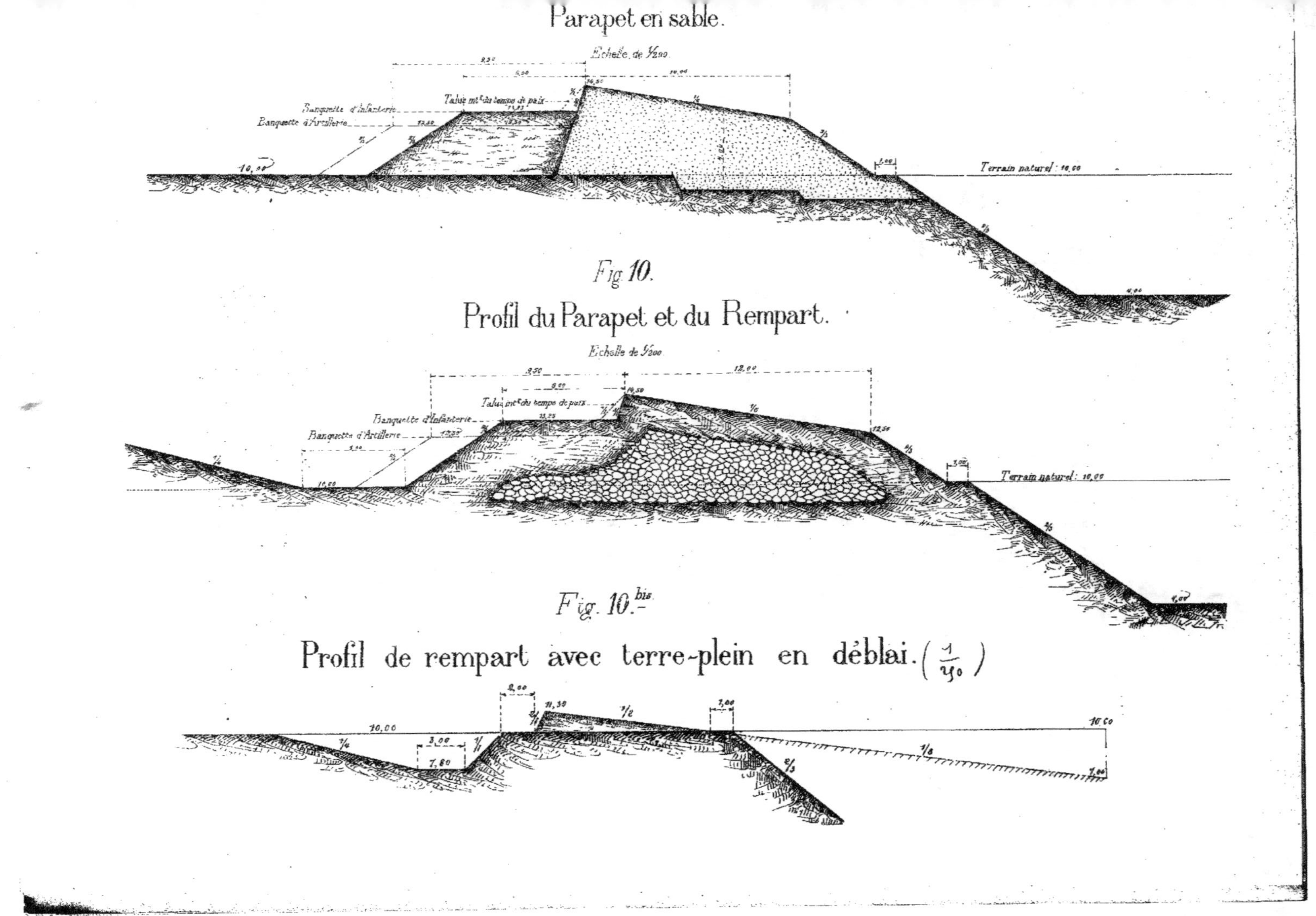

Fig. 10.

Profil du Parapet et du Rempart.

Fig. 10.bis

Profil de rempart avec terre-plein en déblai. ($\frac{1}{40}$)

Profils sans angle mort, dits triangulaires.

Echelle de ⅟₂₀₀.

Fig. 11.

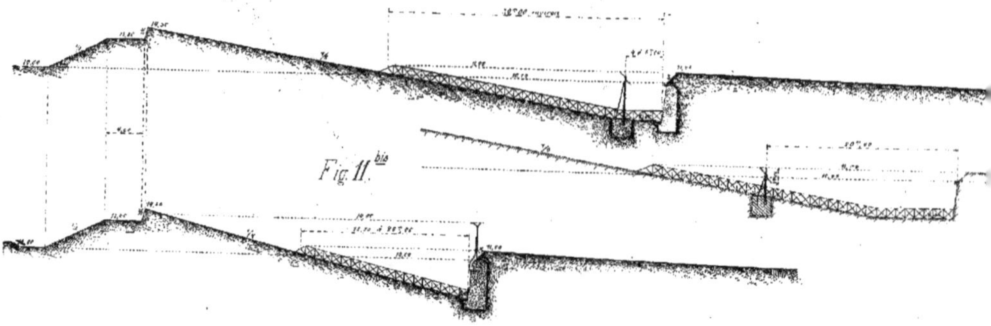

Fig. 11.bis

Fig. 12.

Profil de Parapet durci

proposé par M^r le Colonel Woordnin (du Génie hollandais).

Echelle de ⅟₂₀₀.

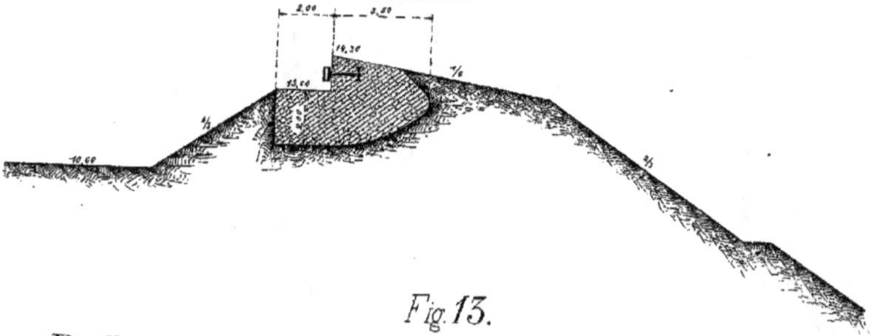

Fig. 13.

Profil proposé de Parapet durci, avec Abris sous la plongée.

Echelle de ⅟₂₀₀.

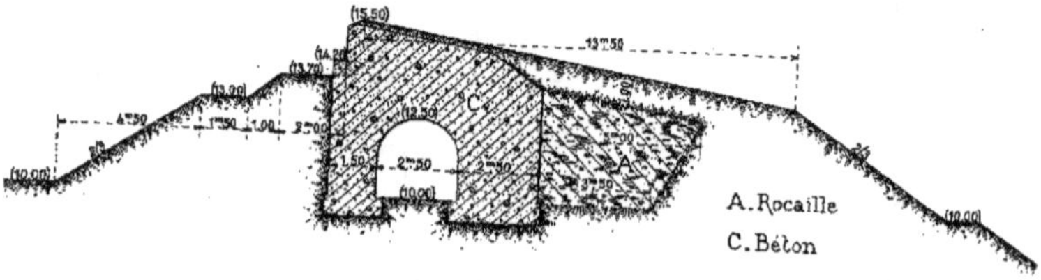

A. Rocaille
C. Béton

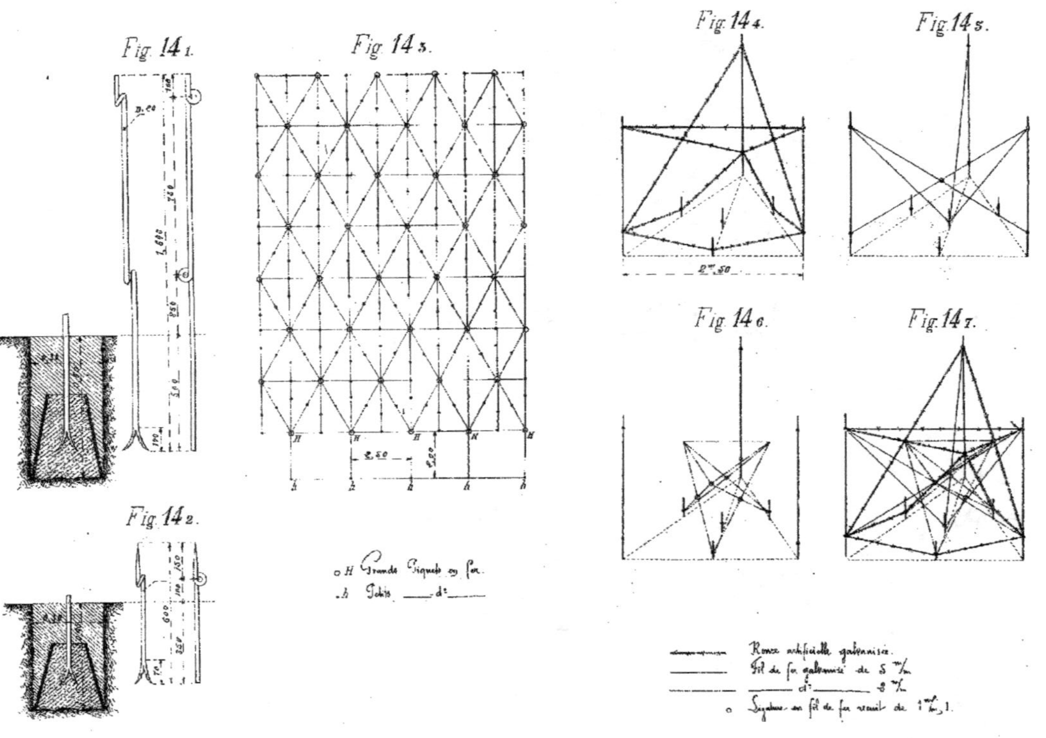

Détails d'organisation des Réseaux de fils de fer.
Fig. 14.1.
Fig. 14.3.
Fig. 14.4.
Fig. 14.5.
Fig. 14.2.
Fig. 14.6.
Fig. 14.7.
2m.50
o H Grands Piquets en fer.
. h Petits d°
Ronce artificielle galvanisée.
Fil de fer galvanisé de 5 m/m
d° 3 m/m
o Soudure au fil de fer recuit de 1m/m,1.

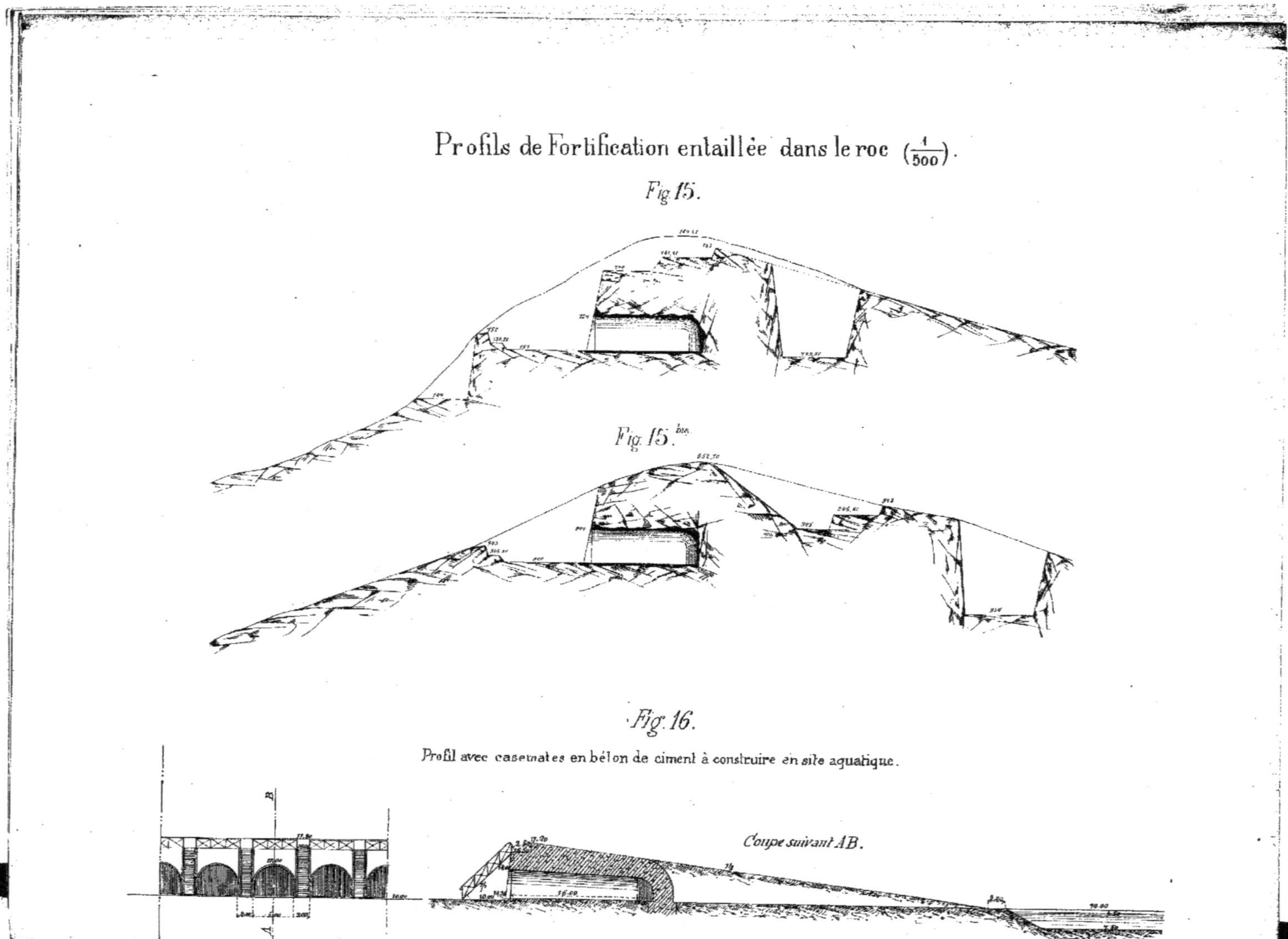

Profils de Fortification entaillée dans le roc $\left(\frac{1}{500}\right)$.

Fig. 15.

Fig. 15.bis.

Fig. 16.

Profil avec casemates en béton de ciment à construire en site aquatique.

Coupe suivant AB.

Transformation du Profil des Fortifications antérieures à 1885.

CONTRESCARPES.

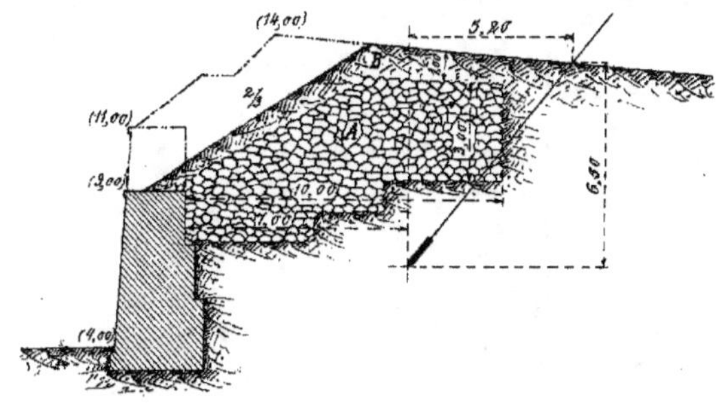

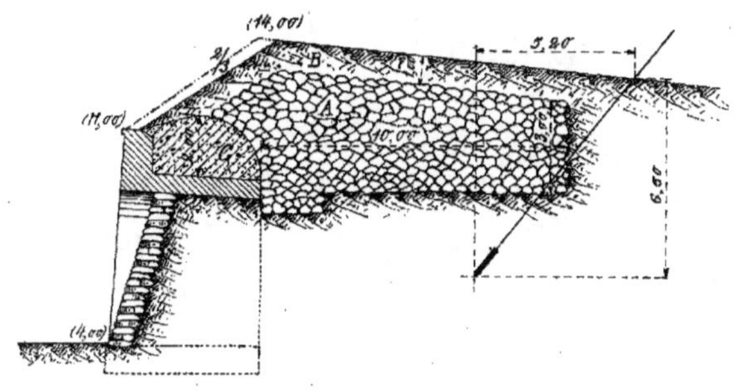

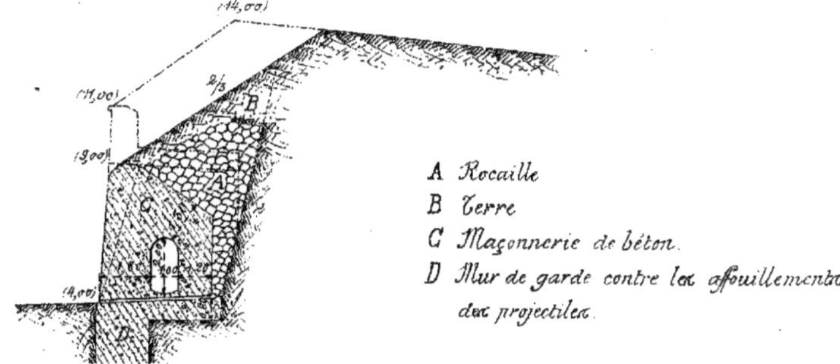

A Rocaille
B Terre
C Maçonnerie de béton
D Mur de garde contre les affouillements
des projectiles.

Echelle de 1/200.

Transformation du Profil des Fortifications antérieures à 1885.

ESCARPES.

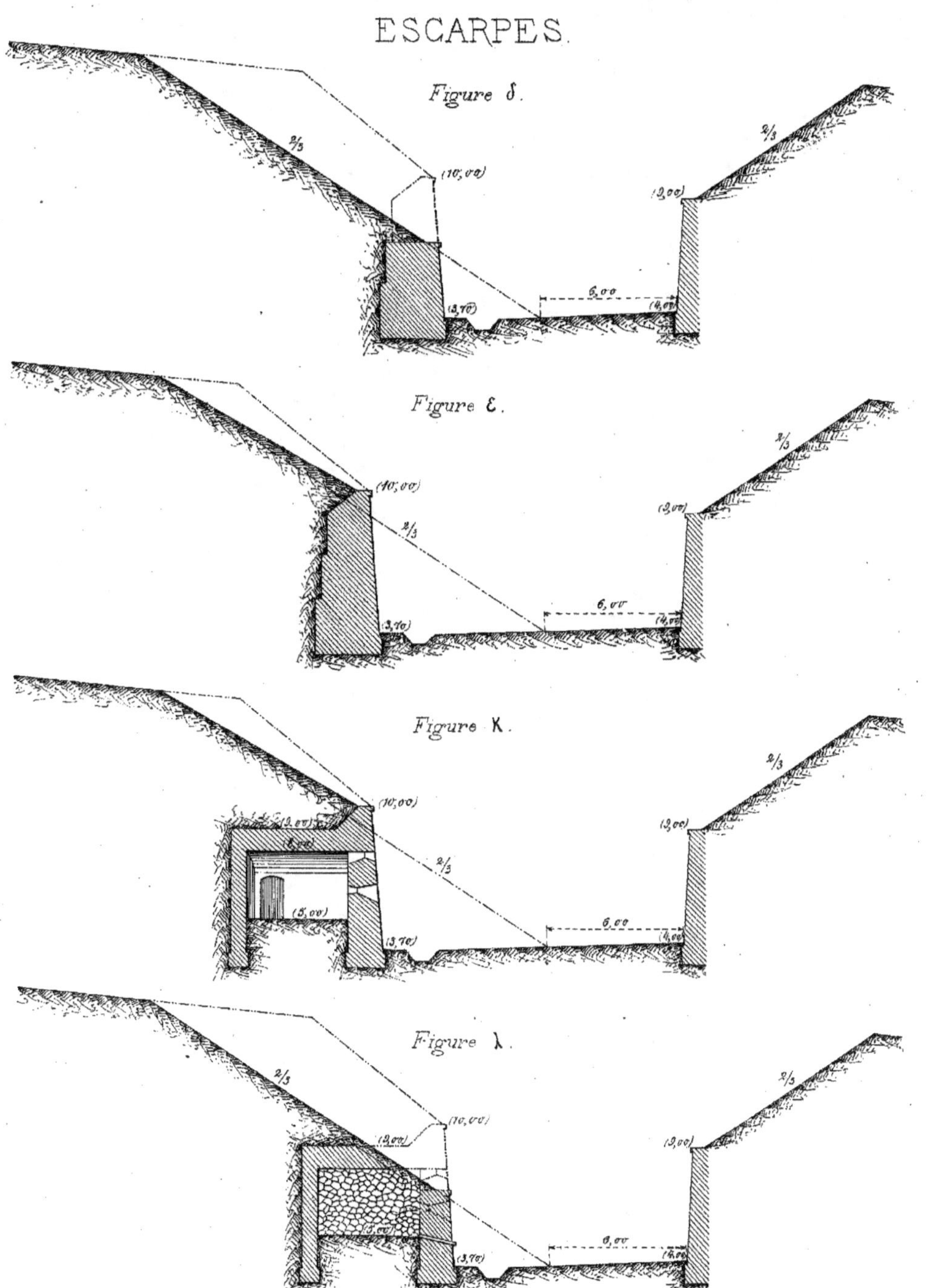

Fig. 4.

Transformation du Profil des anciens Forts.

Echelle de 1/200.

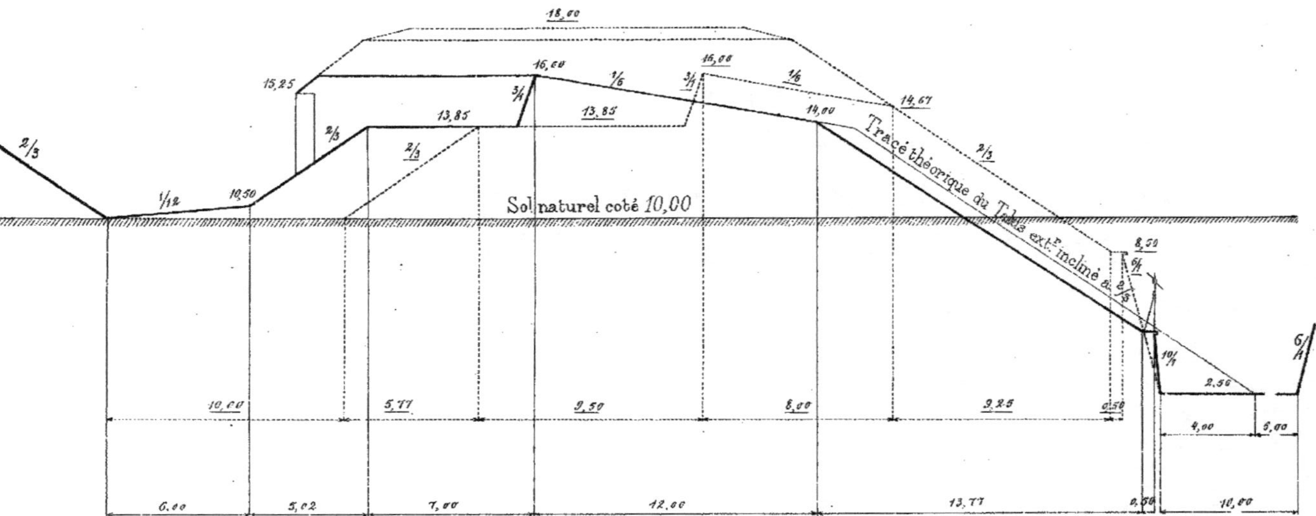

Transformation du Parapet et des Traverses

des Fortifications antérieures à 1885.

Installation de l'Infanterie. (¹⁄₂₀₀)

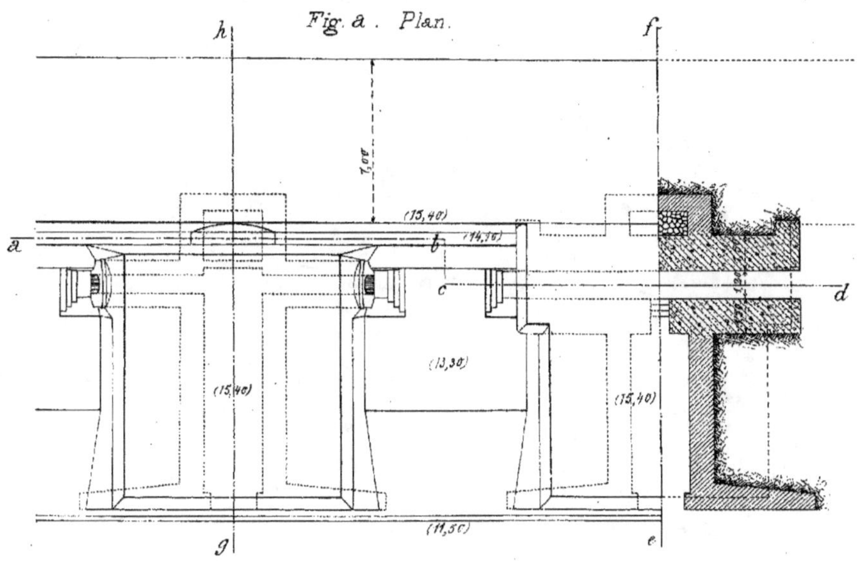

Fig. a. Plan.

Fig. b. Coupe suiv.ᵗ a b c d.

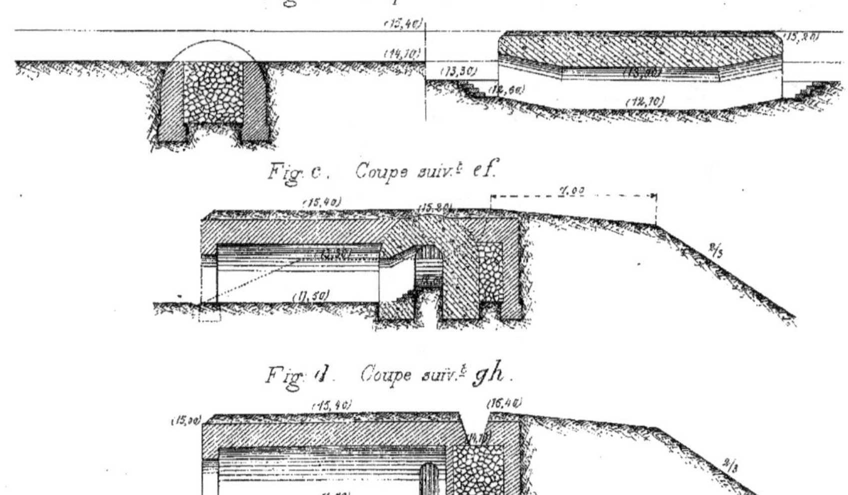

Fig. c. Coupe suiv.ᵗ e f.

Fig. d. Coupe suiv.ᵗ g h.

Coffres de Flanquement de Contrescarpe.

1ᵉʳ Exemple.

Fig. 17. Coffre simple.

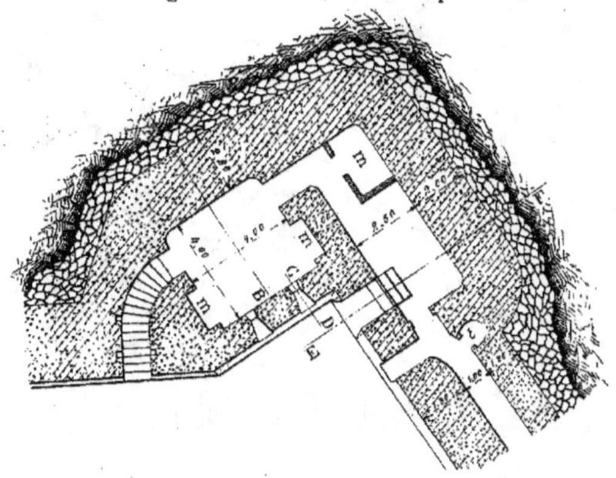

Fig. 17.ᵇⁱˢ Coffre double

m *Munitions.*
t *Tinettes.*

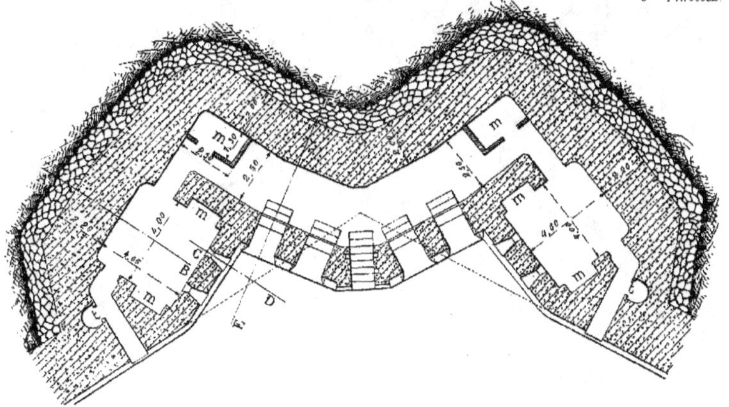

Coupe suivant ABCD.

Coupe suivant EF.

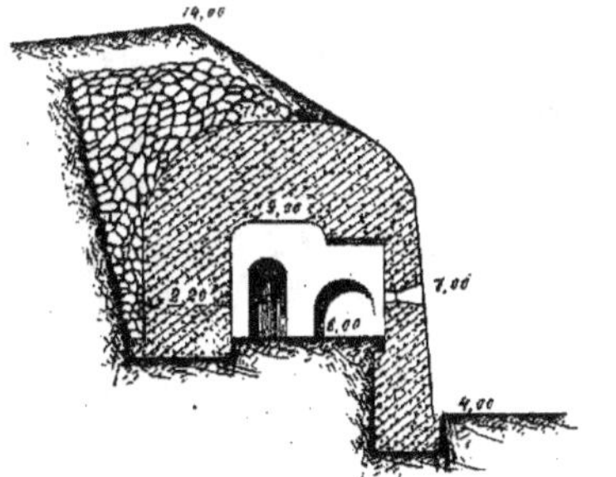

Echelle de ¹⁄₂₀₀.

2.ᵉ Exemple.
Fig. 18. Coffre simple.
Echelle de 1/200. 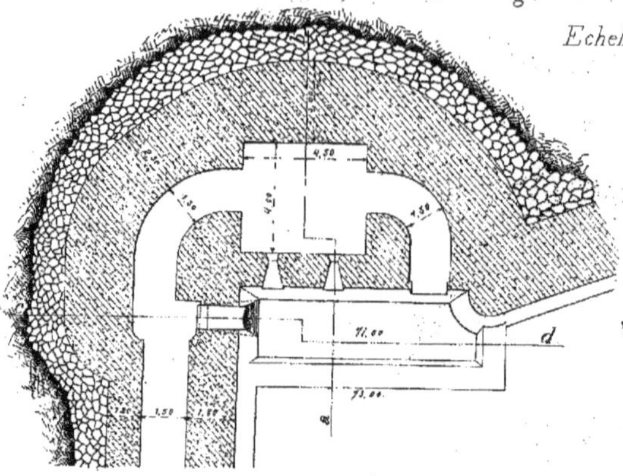
Coupe suivant ab. 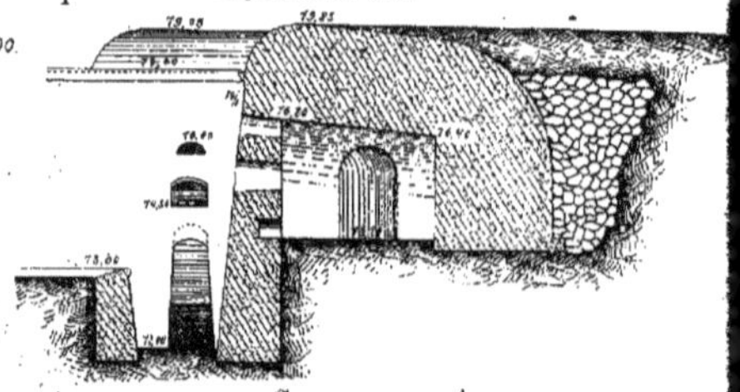
Coupe suivant cd. 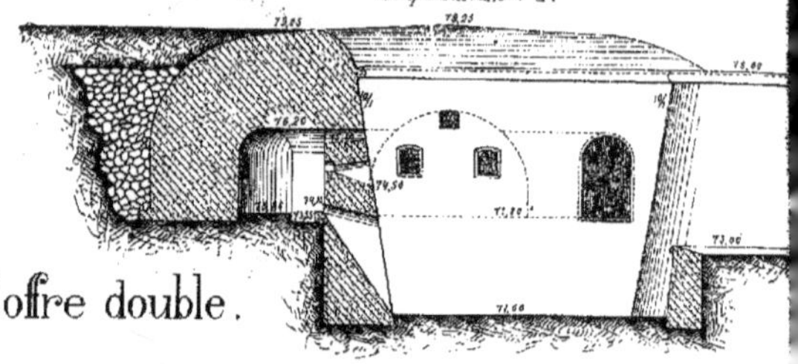
Fig. 18.ᵇⁱˢ Coffre double. 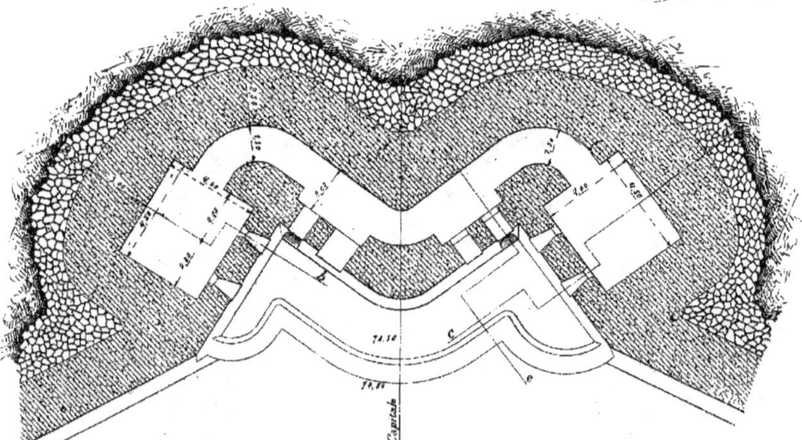
Capitale
Coupe suivant ab. 
Coupe suivant cd. 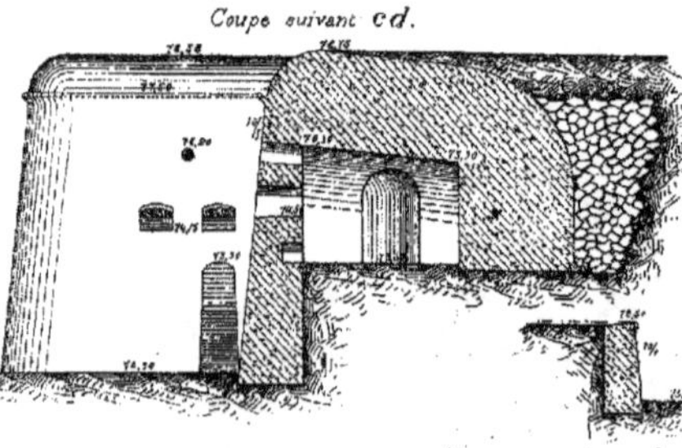
Coupe suivant ef.

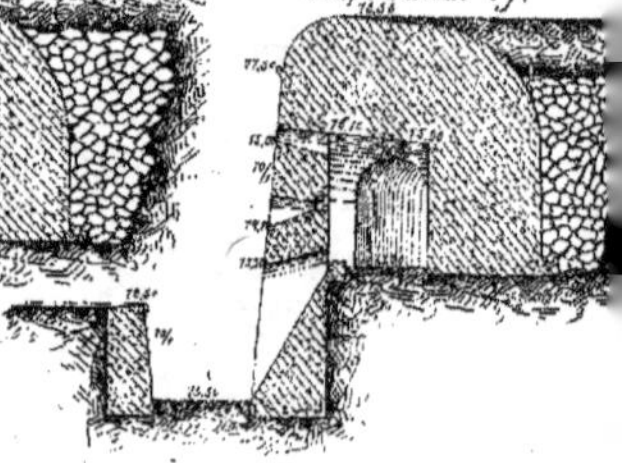

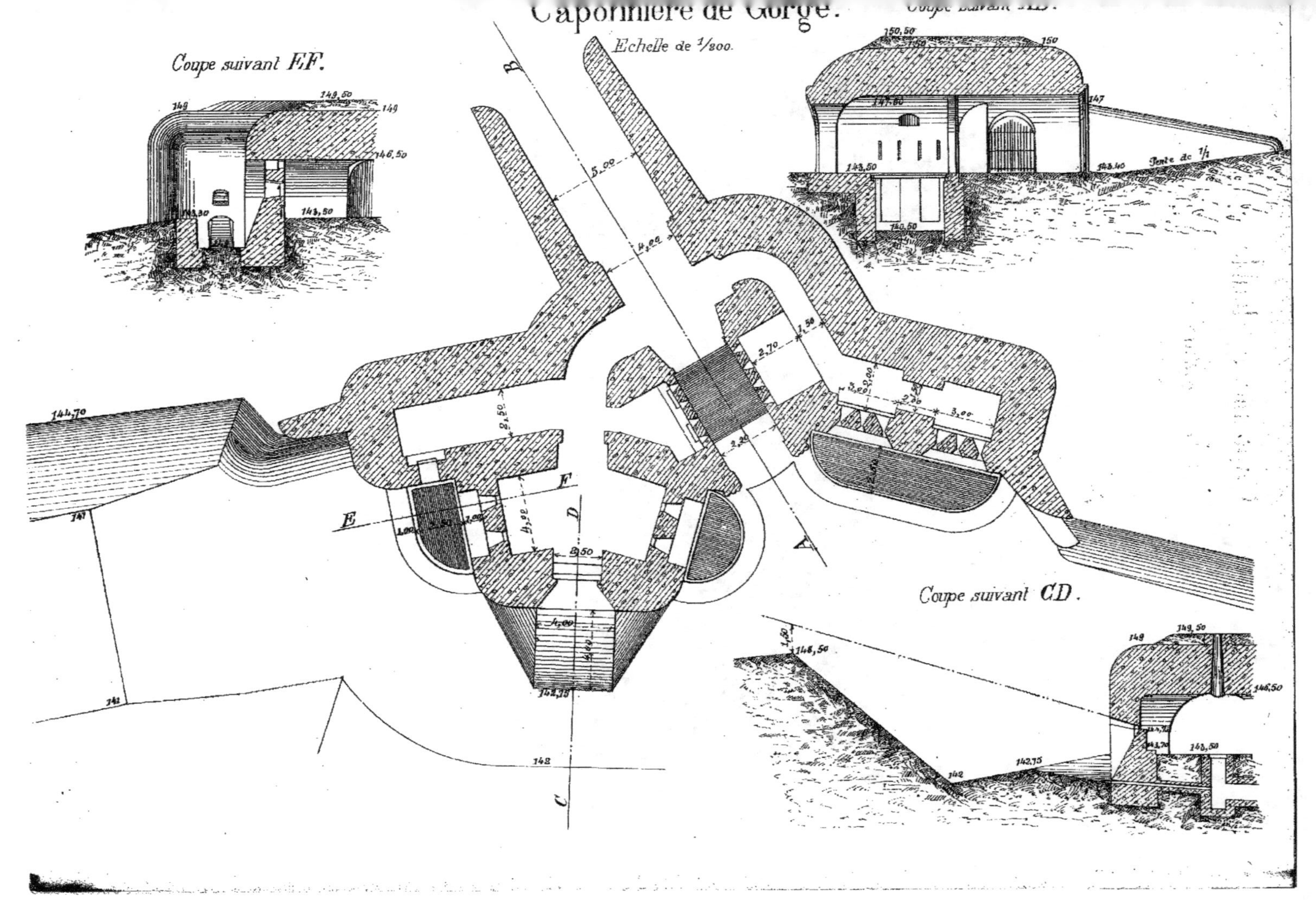
Caponnière de Gorge.
Echelle de 1/800.
Coupe suivant FF.
Coupe suivant CD.
Coupe suivant EF.
Pente de 1/1
A
B
C
D
E
F

Caponnière double
à un saillant.

Echelle de 1/200.

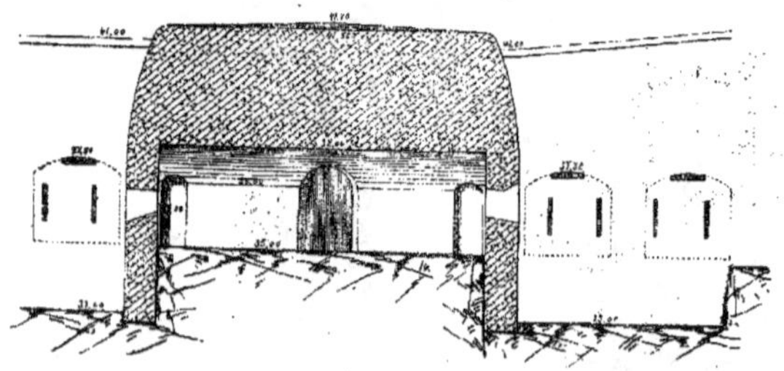

Fig. 20.
Plan.

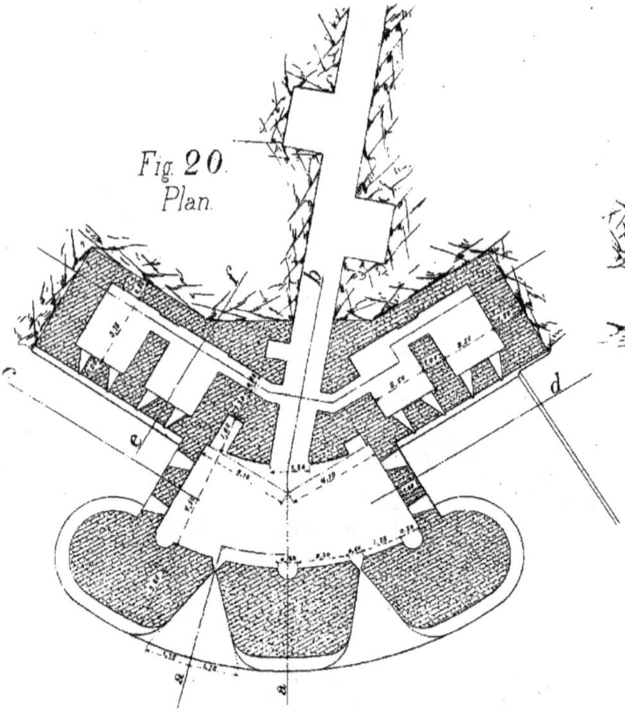

Fig. 20₁.
Coupe suivᵗ ab.

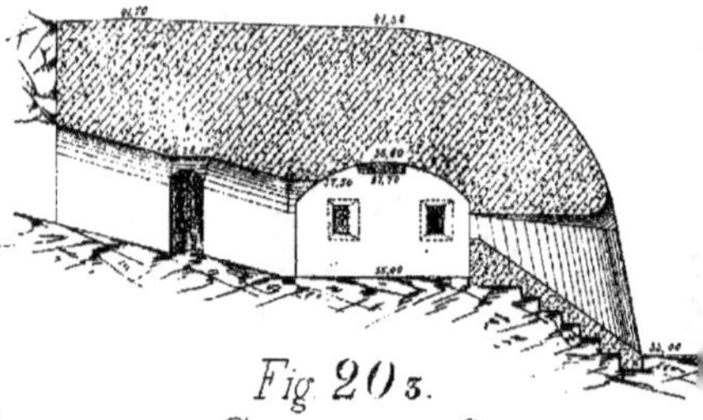

Fig. 20₃.
Coupe suivᵗ ef.

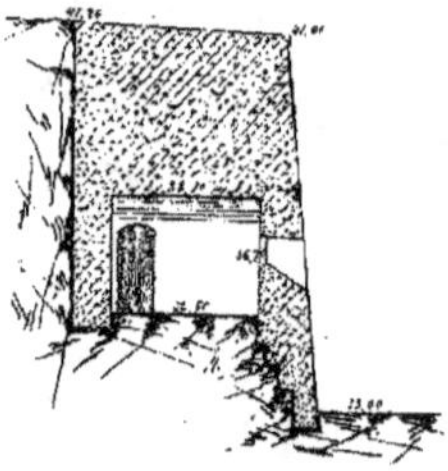

Fig. 20₂.
Coupe suivᵗ cd.

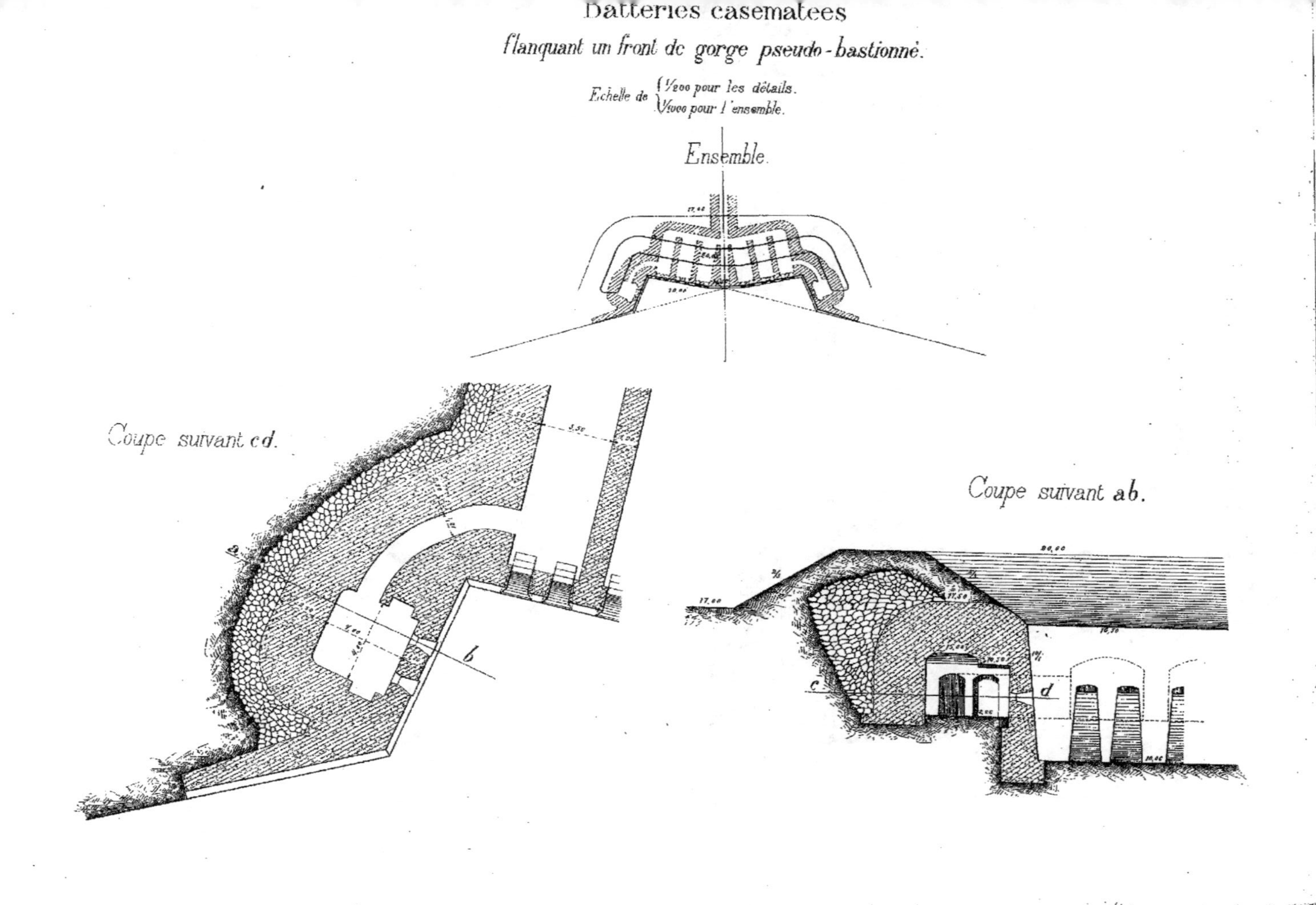

Batteries casematées
flanquant un front de gorge pseudo-bastionné.
Echelle de 1/200 pour les détails.
1/1000 pour l'ensemble.
Ensemble.
Coupe suivant cd.
Coupe suivant ab.

Caponnières en métal.

Echelle de 1/200.

Fig. 22.

Coupe suiv.ᵗ a b.

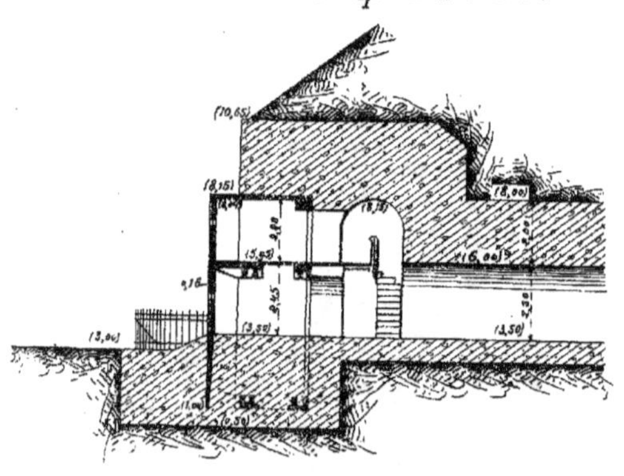

Fig. 22.ᵇⁱˢ

Coupe suiv.ᵗ c d.

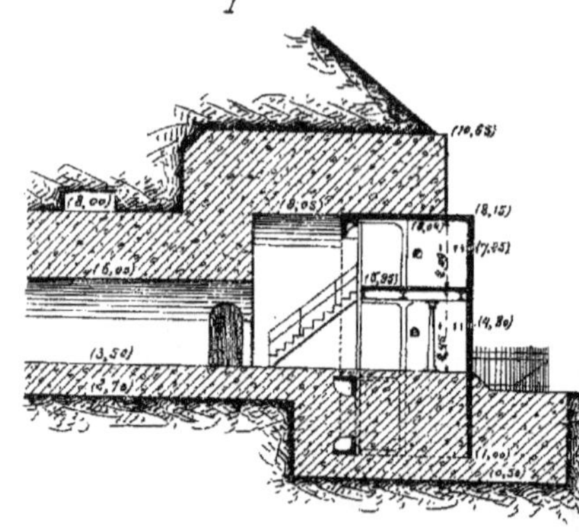

Caponnière simple.

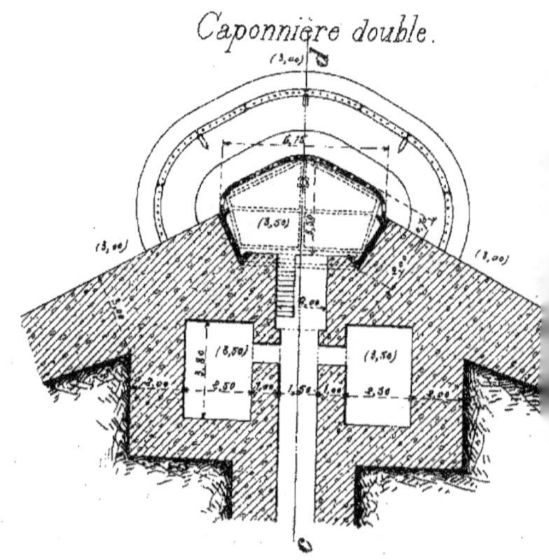

Caponnière double.

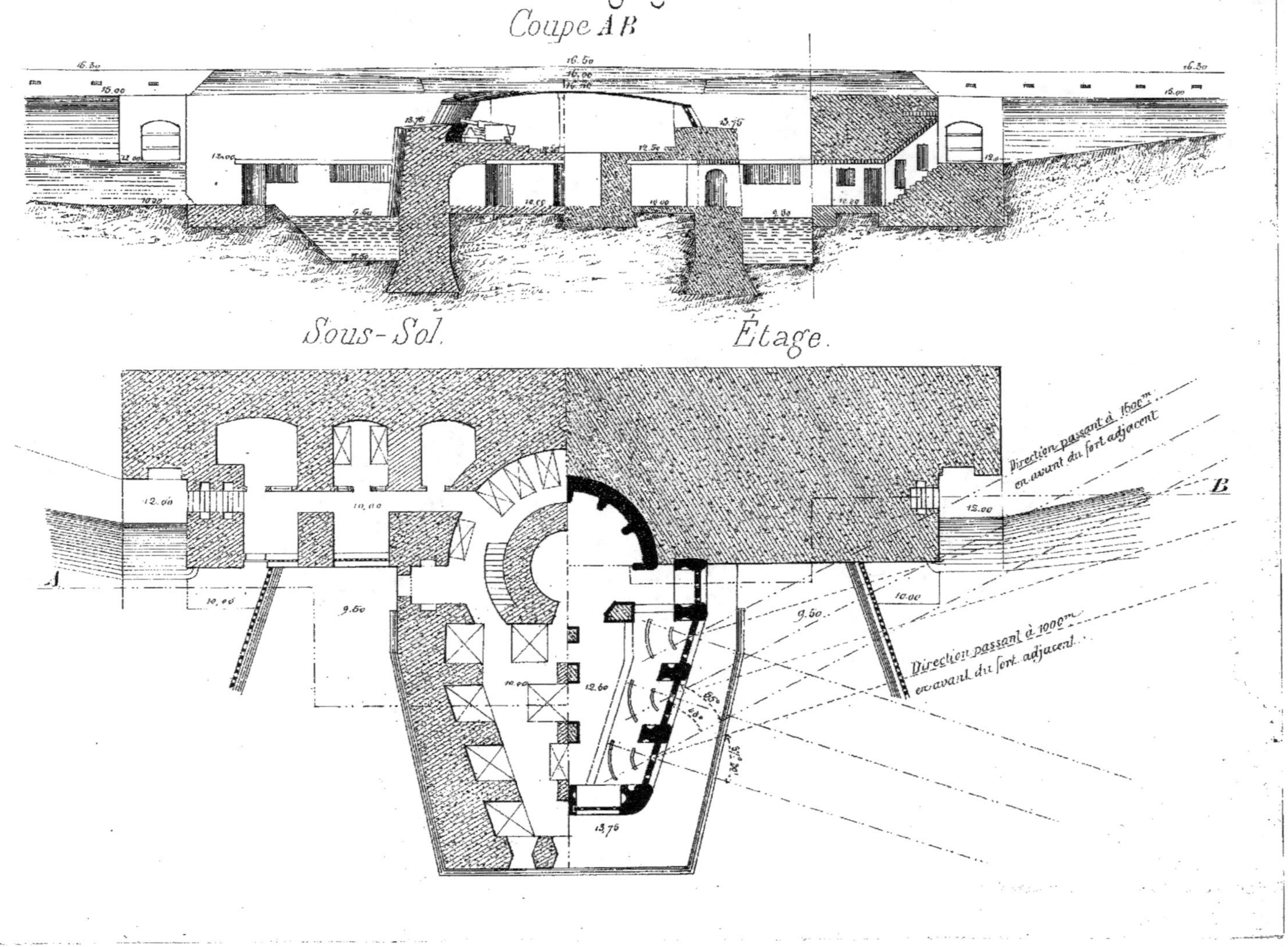

Batterie cuirassée de gorge du Lt. C. Vourdain (1/200)

Coupe AB

Sous-Sol.   Étage.

Direction passant à 1500ᵐ en avant du fort adjacent

Direction passant à 1000ᵐ en avant du fort adjacent

A   B

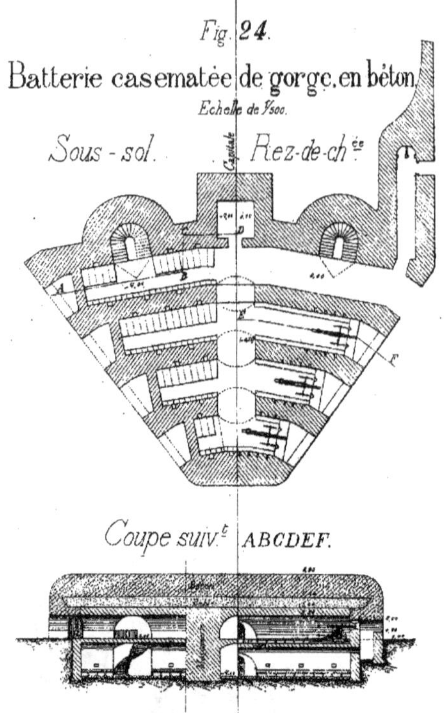

Fig. 24.

Batterie casematée de gorge, en béton.

Echelle de 1/500.

Sous - sol.　　Capitale　　Rez-de-ch.ᵉᵉ

Coupe suiv.ᵗ ABCDEF.

Fig. 25.

Batterie casematée de gorge, en béton, du C.ˡ Laurent.

Echelle de 1/500.

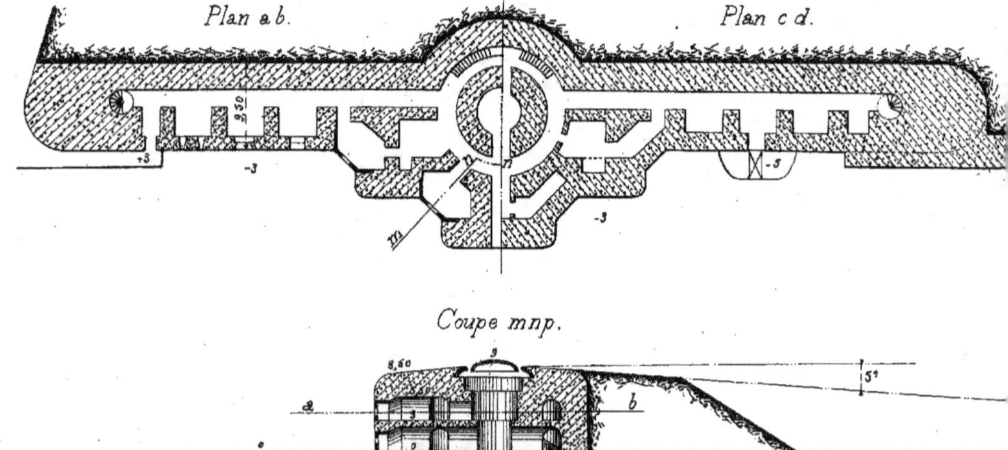

Fig. 20.

Casemates de flanc, en béton de ciment, avec orillon et visière.

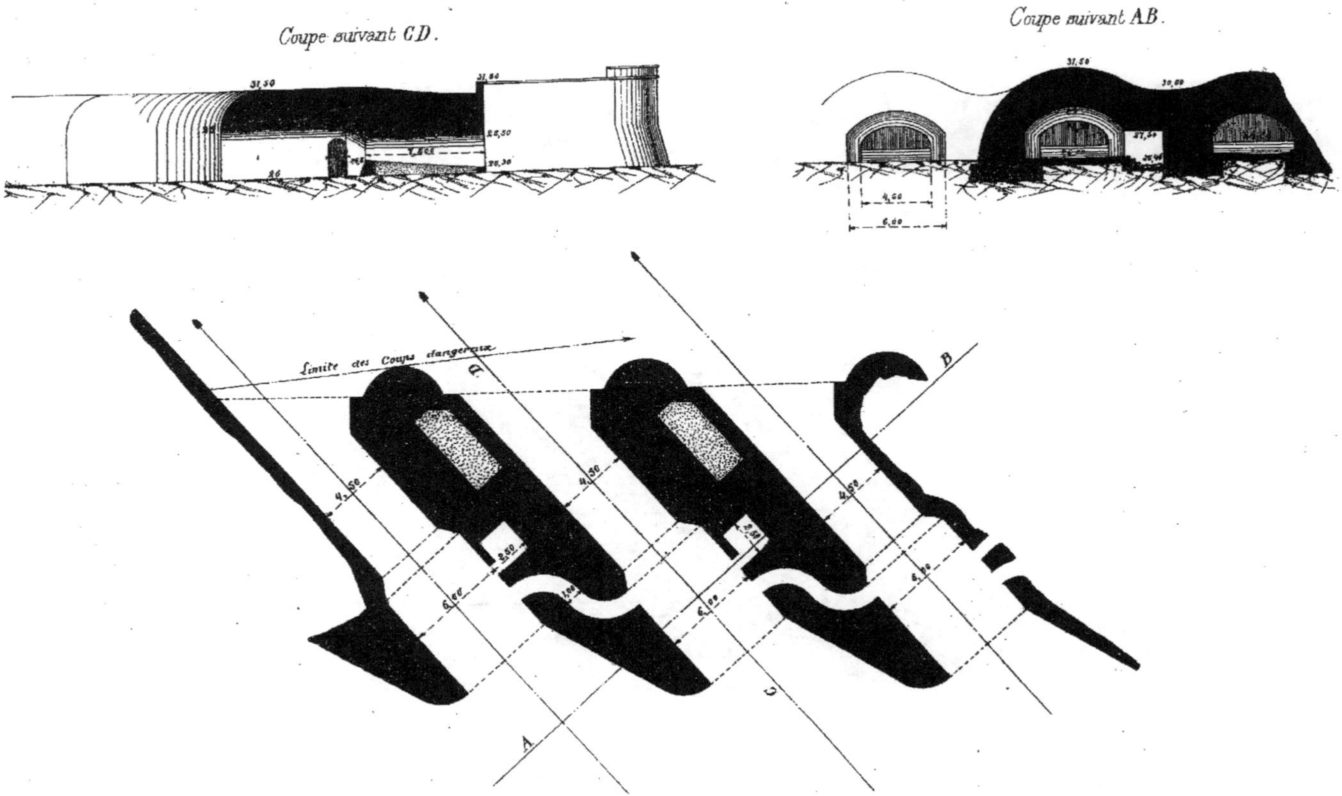

Coupe suivant CD.

Coupe suivant AB.

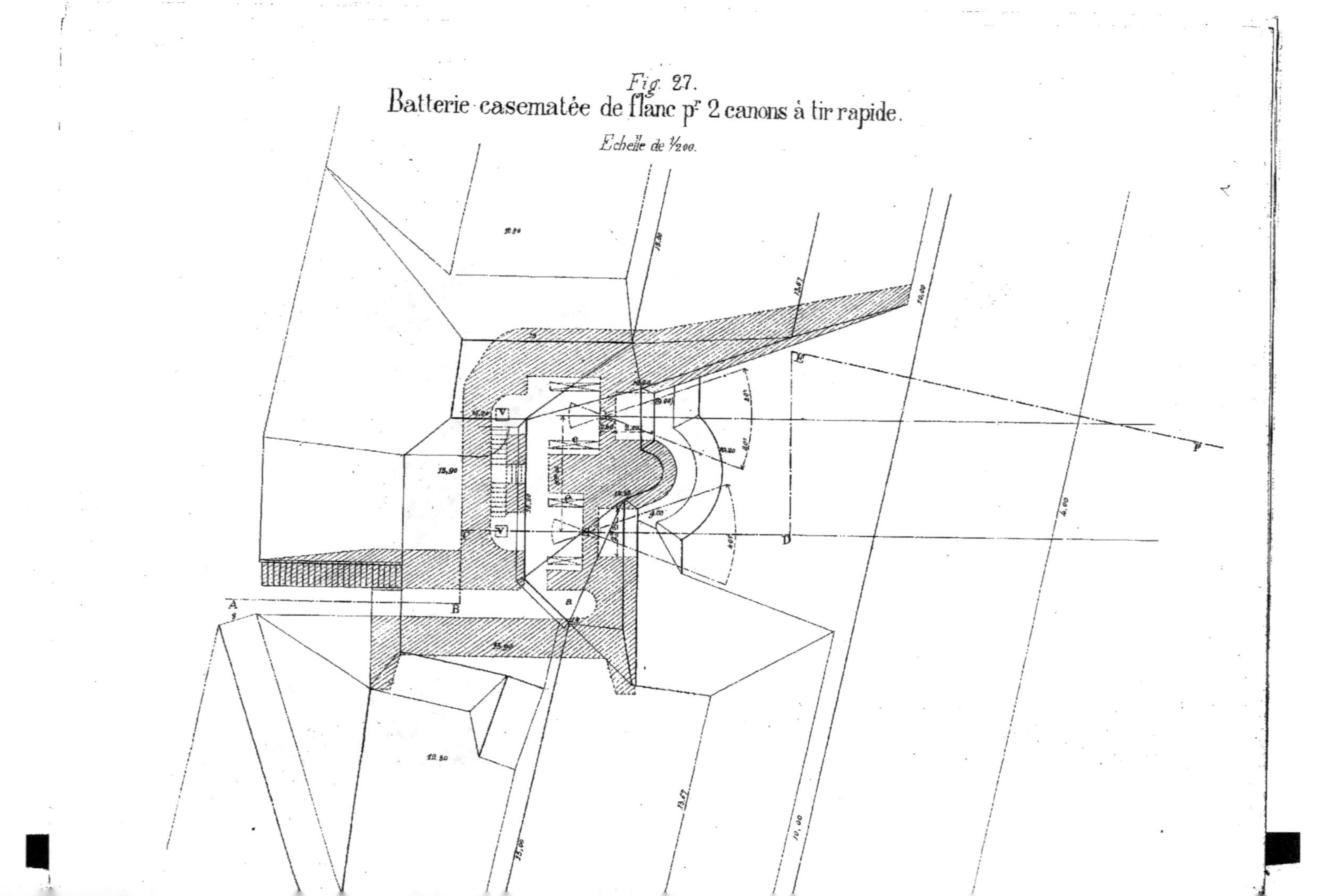

Fig. 27.

Batterie casematée de flanc p^r 2 canons à tir rapide.

Echelle de ¹⁄₂₀₀.

Coupe suiv.t ABCDEF.
Coupe suiv.t GH.
Coupe suiv.t IJ.
Légende.
a Abri pour Mitrailleuse
e Étagères à Munitions
m Munitions
n Étui vides
v Ventilateurs
g1 Gaine aspirante
g2 Gaine soufflante
Nota. La gaine soufflante pourra être suspendue sous la voûte du magasin inférieur, si le genre d'affût employé oblige à abaisser le sol de la Casemate.

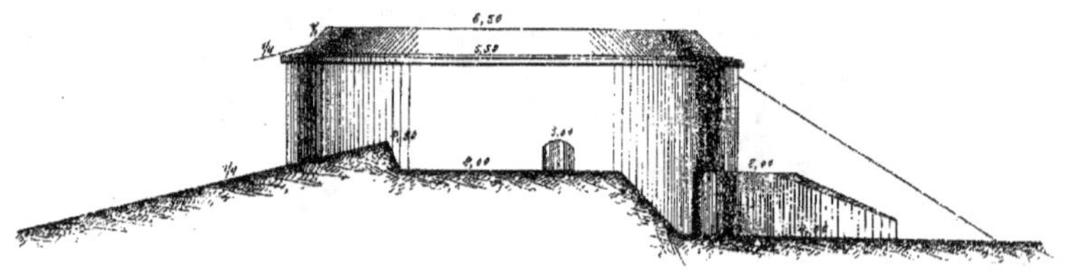

Fig 28.
Plateforme p.^r Pièces légéres
avec Traverse-Abri en béton à l'extrémité d'un flanc.
Echelle de 1/200.
Plan.
Coupe suiv.^t de.
Coupe suiv.^t bc.

Fig. 28.ter Traverse de flanc servant d'abri-remise pour pièces légères _ Echelle de 1/250.
Disposition de l'entrée.
Plans.
1er Exemple. 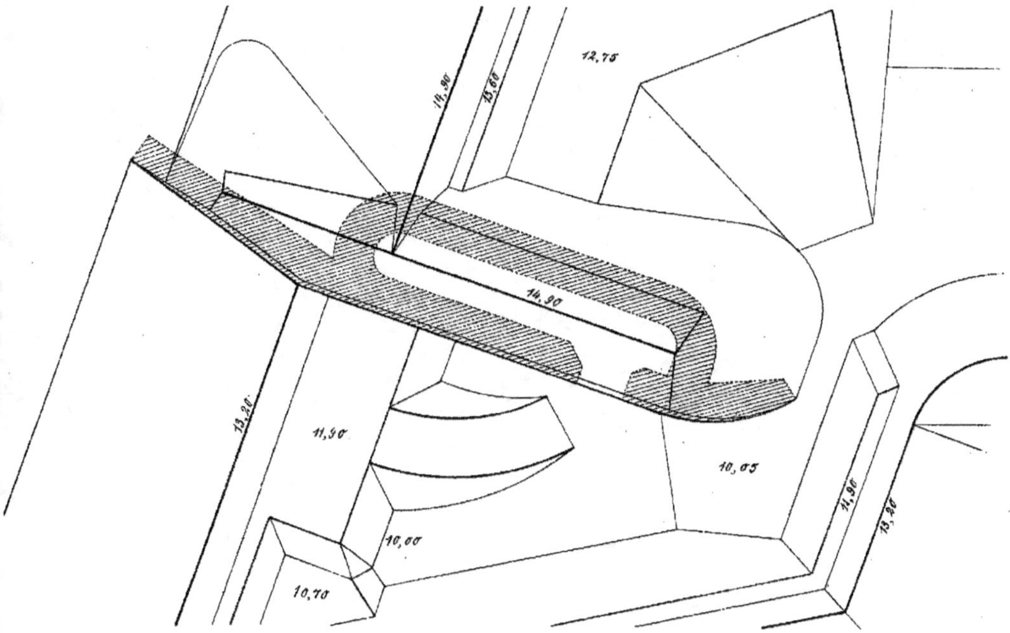
12,75
14,90
13,20
11,90
10,05
11,90
13,20
10,00
10,70
2ème Exemple.
14,50
13,20
12,20
11,50
14,50
10,00
12,30
13,50
11,65
13,50
12,20
12,20
13,50

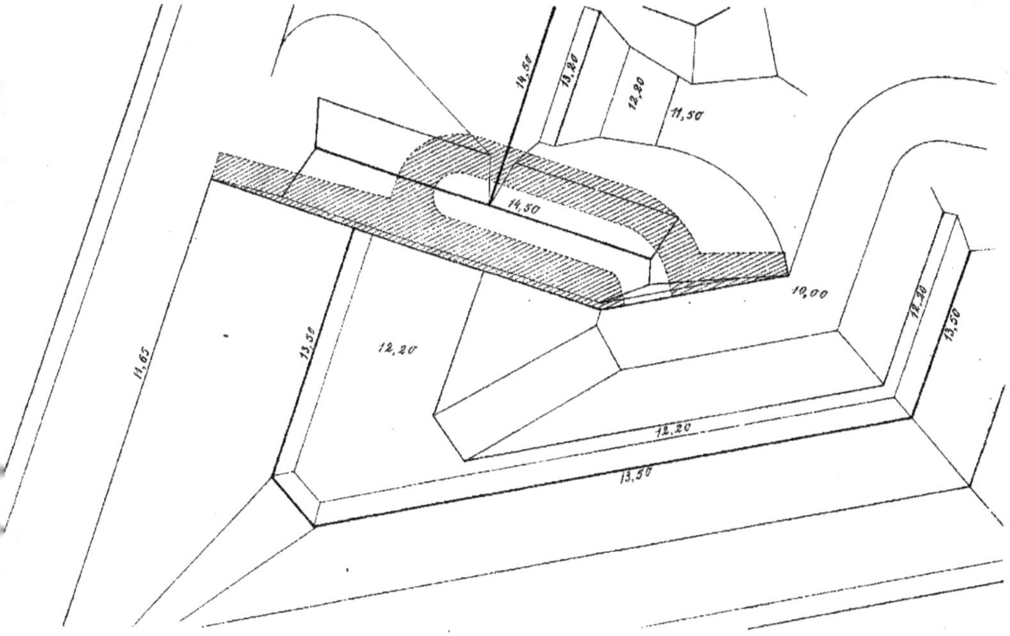

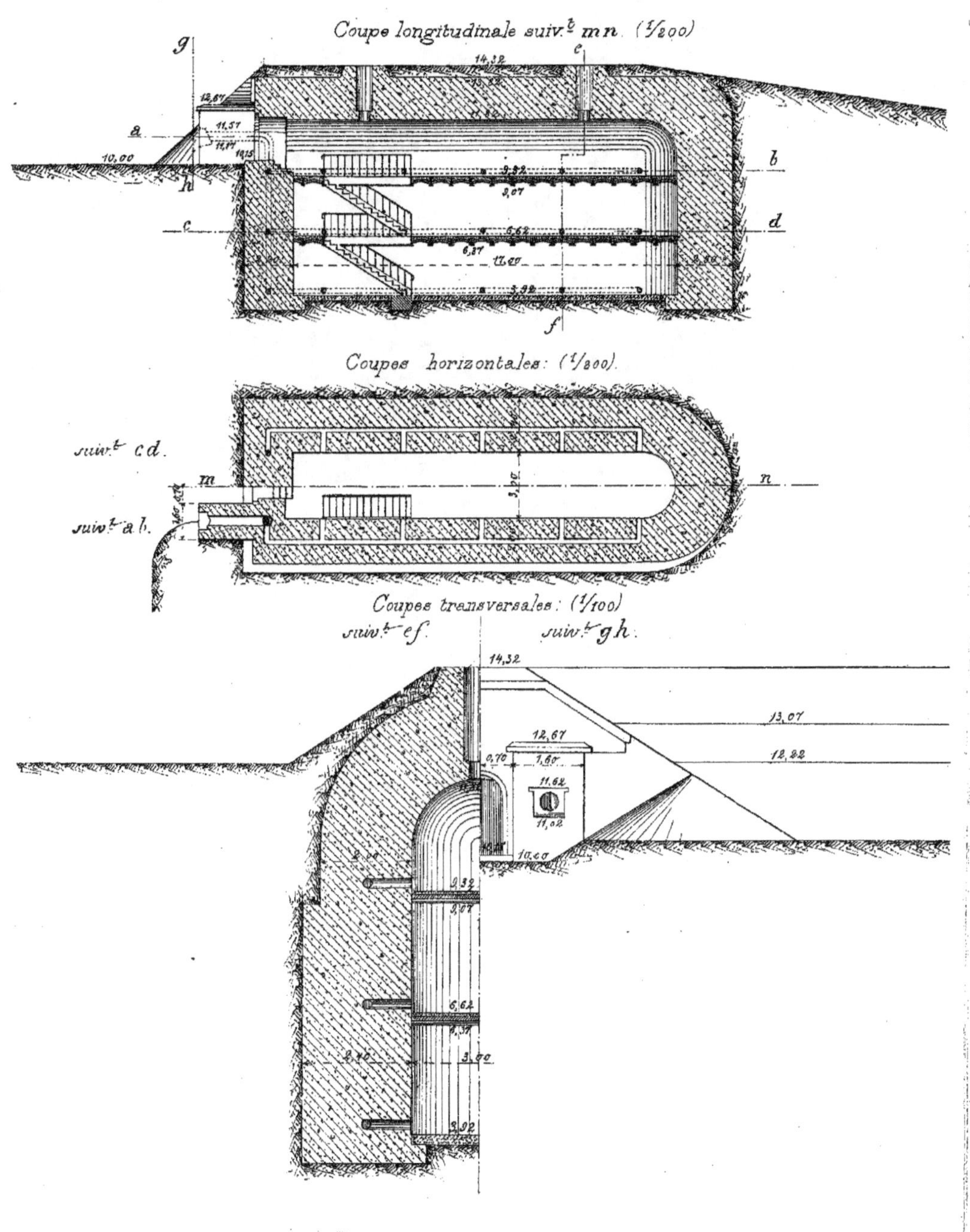

Fig. 28.quater
Détails d'une Traverse à étages servant d'abri-logement à l'épreuve pour le personnel, installée en capitale sur la face d'un ouvrage.
Coupe longitudinale suiv.te mn. (1/200)
g
14,32
c
12,67
a
11,57
11,77
10,15
10,00
h
b
9,52
3,07
c
6,62
d
6,87
11,00
3,92
f
Coupes horizontales: (1/200).
suiv.t cd.
m
3,07
n
suiv.t ab.
Coupes transversales: (1/100)
suiv.t ef.
suiv.t gh.
14,32
13,07
12,67
12,32
0,70
1,60
11,62
11,02
2,00
10,00
3,92
3,07
6,62
2,70
3,00
2,92

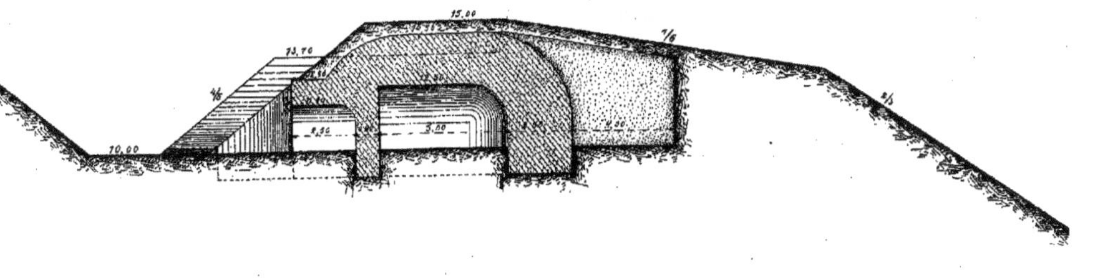

Fig. 28. bis.
Traverse-abri en béton installée sur la face d'un ouvrage
servant de Remise p.r Pièces légères.
Echelle de 1/200.
Coupe suiv.t mn.
Plan.
Coupe suiv.t rs.

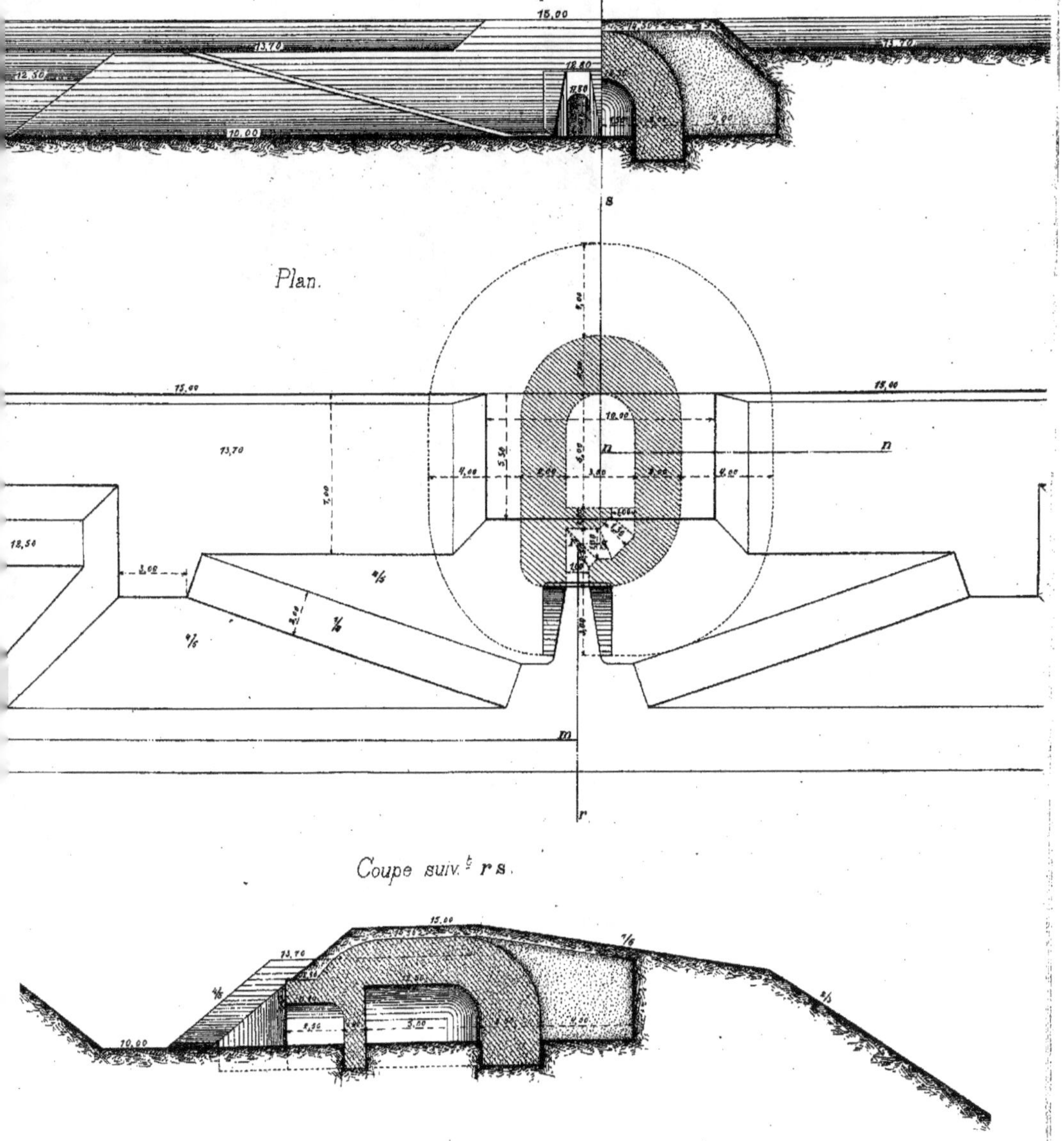

Abri-remise pour Pièce légère.

sous un massif en béton couvrant le débouché d'un escalier.

Echelle de 1/100.

Plan abc.

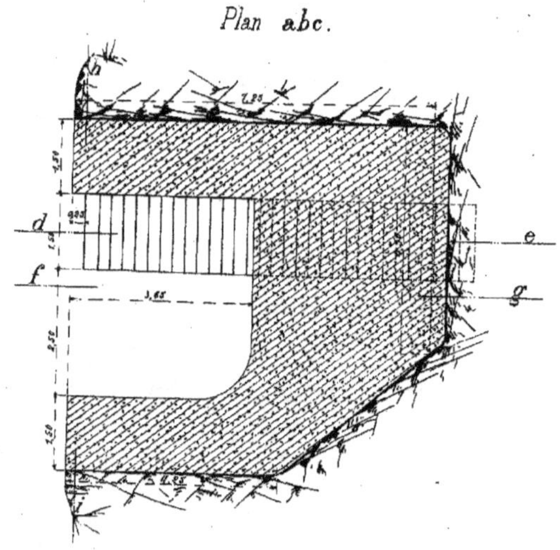

Coupe defg.

Coupe hi.

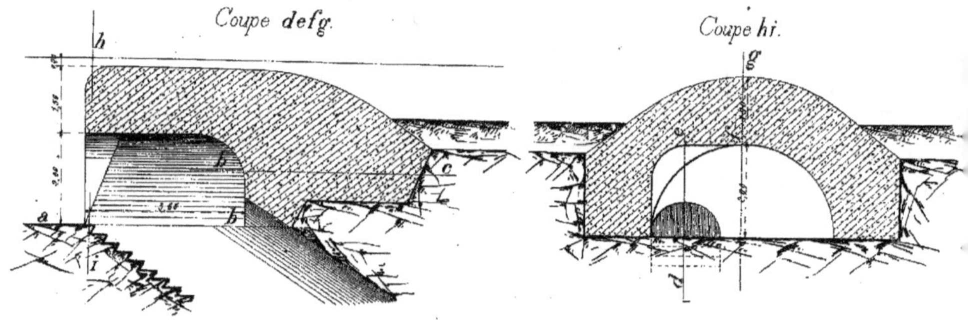

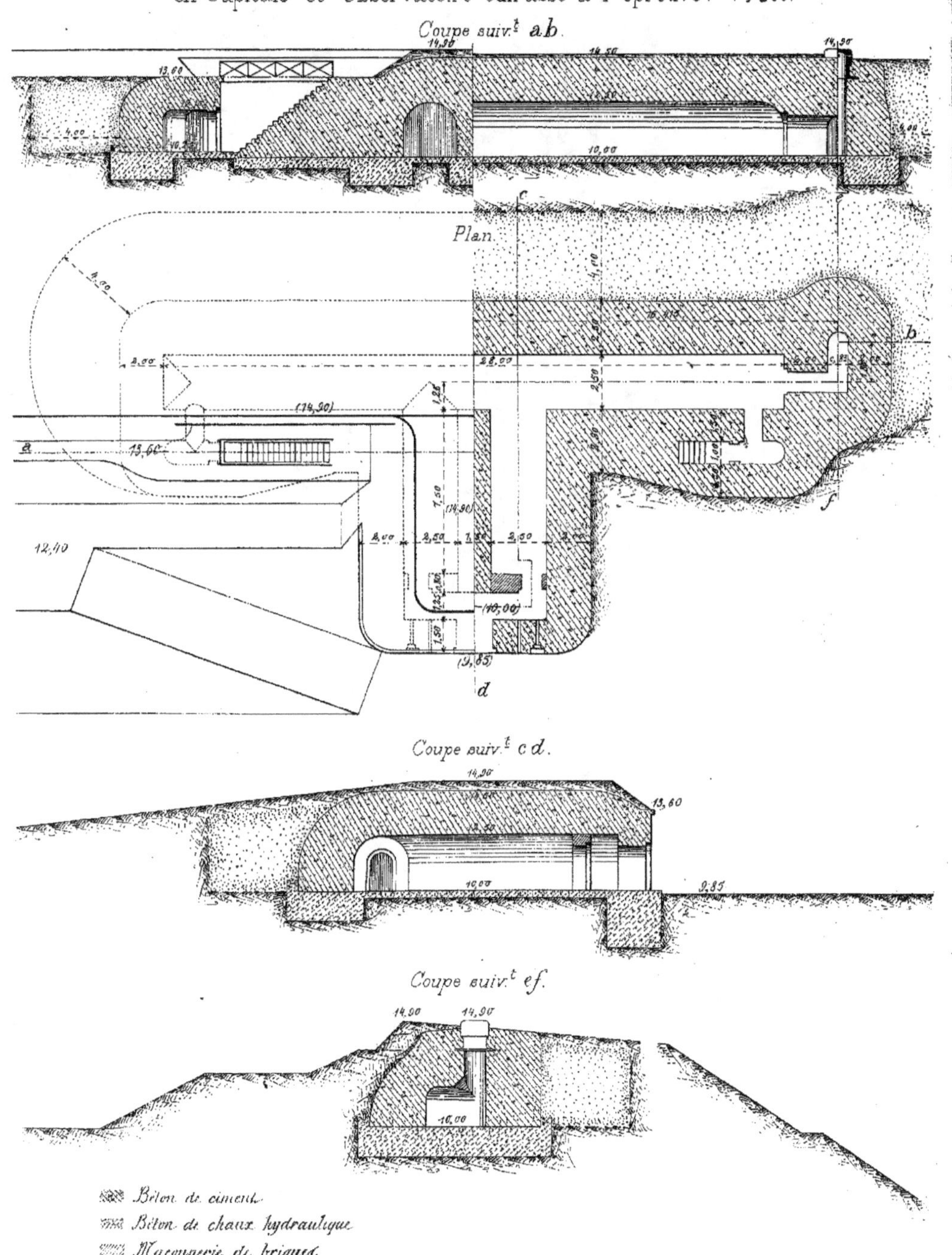

Fig. 30 bis. Détails d'Abris sous Plongée durcie en béton, avec Traverse
en Capitale et Observatoire cuirassé à l'épreuve. (1/200)
Coupe suiv.t ab.
Plan.
Coupe suiv.t cd.
Coupe suiv.t ef.
Béton de ciment.
Béton de chaux hydraulique.
Maçonnerie de briques.

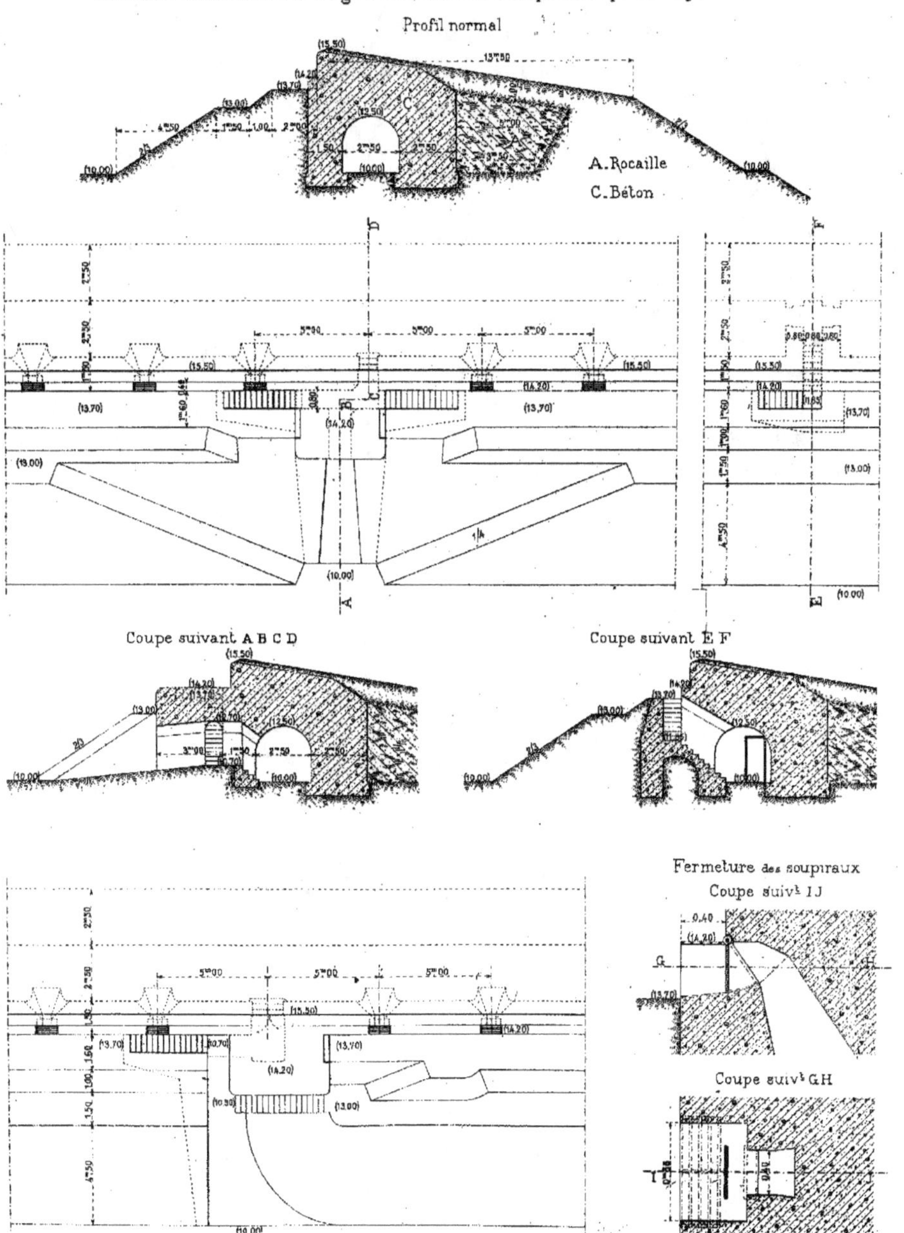

Fig. 30.
Détails d'abris sous Plongée durcie en béton, avec Emplacements pr Pièces légéres.
Profil normal
A. Rocaille
C. Béton
Coupe suivant A B C D
Coupe suivant E F
Fermeture des soupiraux
Coupe suivt I J
Coupe suivt G H
Echelle de 1/200

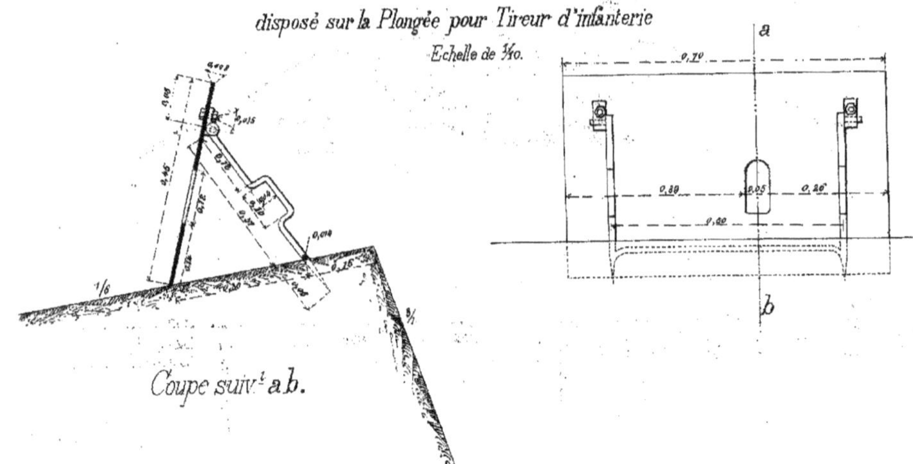

Fig. 31.

Bouclier en tôle

disposé sur la Plongée pour Tireur d'infanterie

Echelle de 1/10.

Coupe suiv.ᵗ ab.

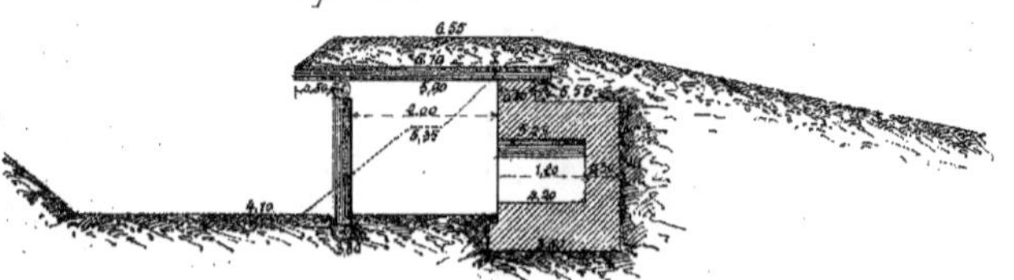

Fig. 32.

Type d'abri léger en bois

employé contre les shrapnels, dans les redoutes d'inf.ᵉⁱᵉ

Coupe longitudinale 1/200.

Plan. 1/200.

Coupe suivant **ab.** 1/100.

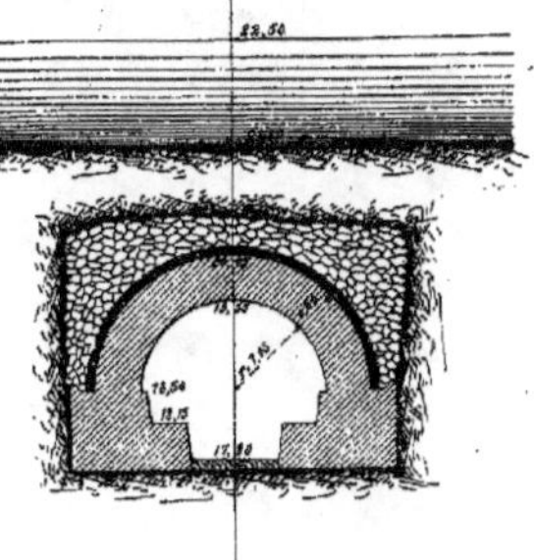

Fig. 33.
Abri contre les shrapnels
disposé sous le Parapet.
Echelle de 1/100.
Coupe suiv.ᵗ ef.

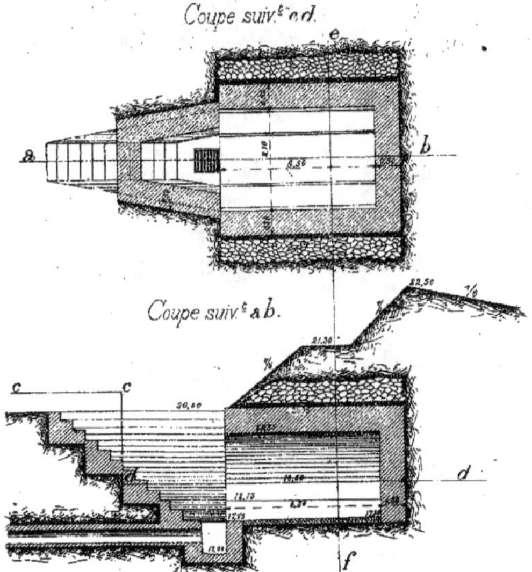

Coupe suiv.ᵗ cd.
e
a
b
Coupe suiv.ᵗ ab.
c
c
d
d
f

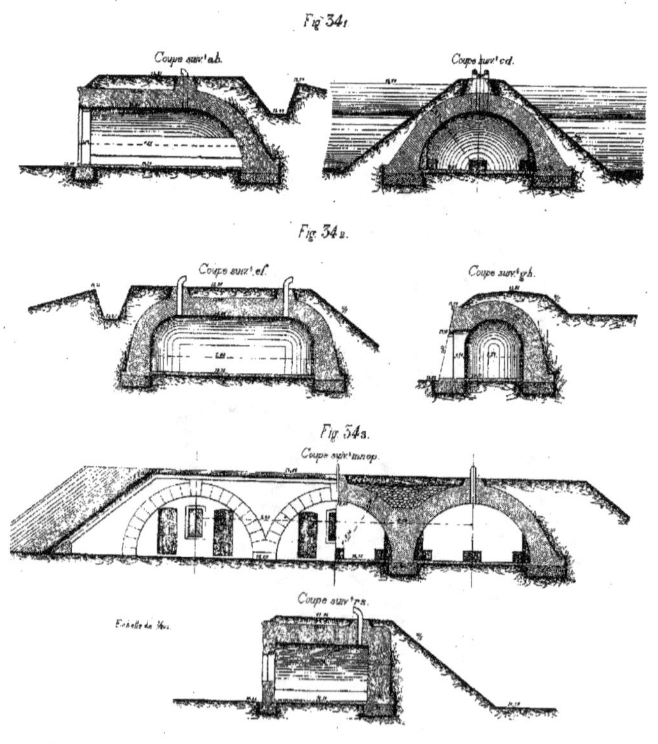

Fig. 34.

Abris légers contre les shrapnels
construits en relief dans un ouvrage d'inf.ie
Echelle de 1/800.

Fig. 35.

Guérite blindée pr guetteur.
Echelle de 1/50.

1 *Abri sous Traverse en capitale*
2 _______ d°_______ de flanc.
3 ___ d°_ Parados.

Fig. 34₁.

Coupe suiv.t ab.

Coupe suiv.t cd.

Fig. 34₂.

Coupe suiv.t ef.

Coupe suiv.t gh.

Fig. 34₃.

Coupe suiv.t mnop.

Coupe suiv.t rs.

Echelle de 1/50.

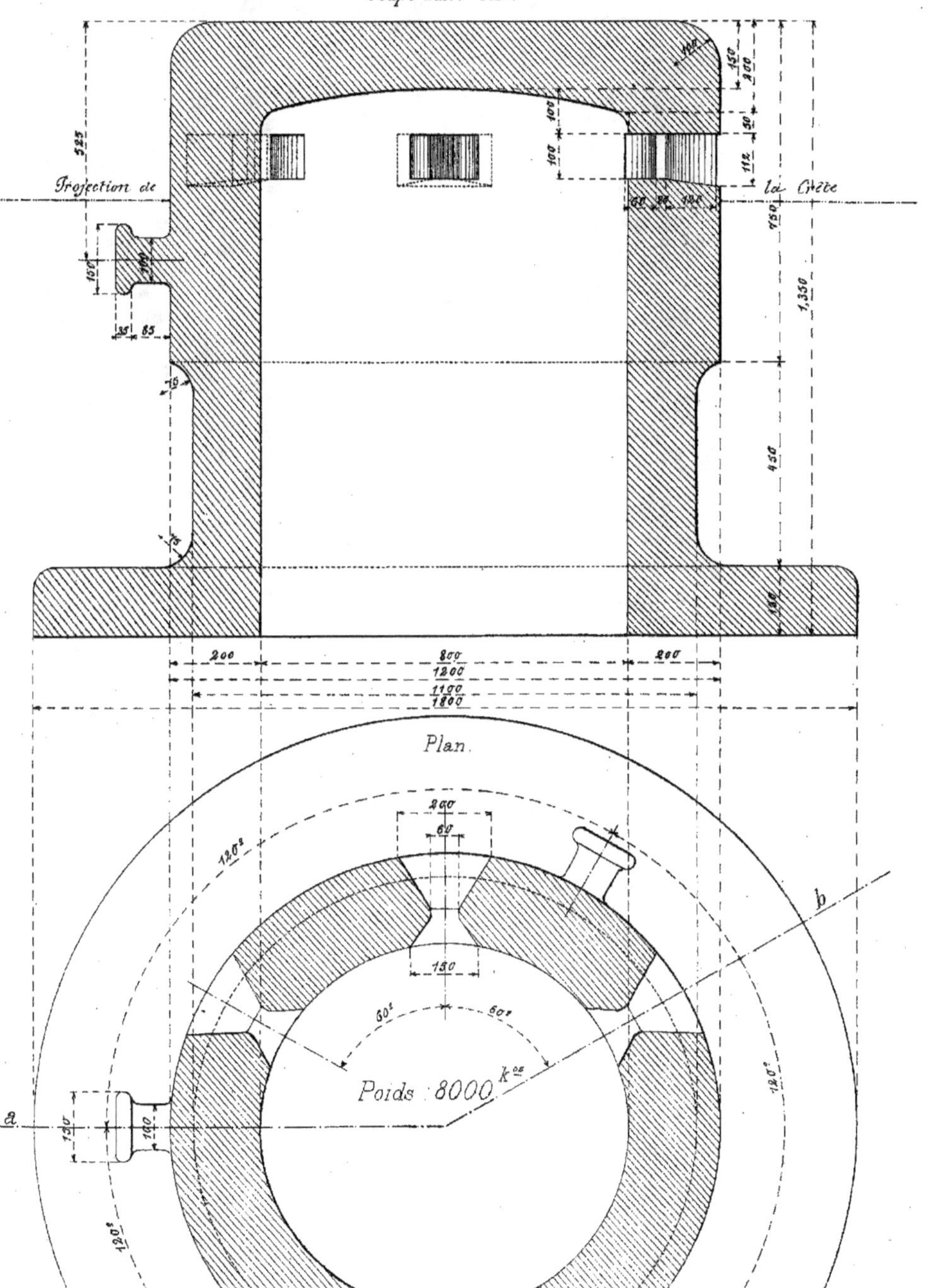

Fig. 35 bis.
Détails d'un observatoire fixe en acier coulé   (1/10)
Coupe suivt ab.
Projection de   la Crête
525
150
200
35 85
75
75
200
800
1200
1100
1800
450
150
150
450
1,350
100
100
100
50
112
150
Plan.
200
60
150
60°   60°
130
120°
120°
120°
120°
Poids : 8000 kos
a
b

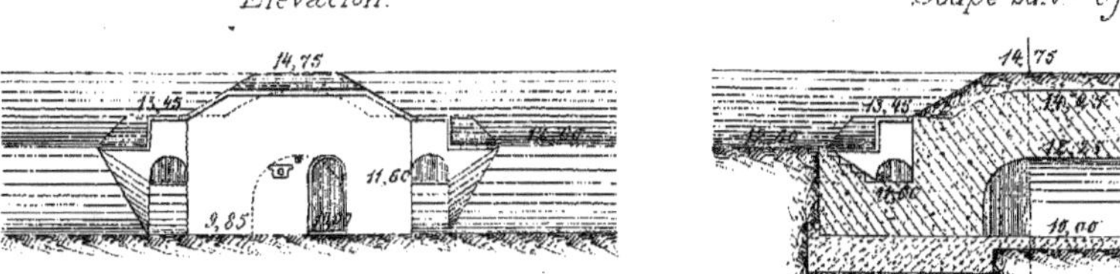

Fig. 36.bis
Détails d'une Traverse installée sur le front de tête d'un ouvrage,
formant abri à l'épreuve pour les servants et les munitions des
pièces de gros calibre. (1/200)
Coupe suiv.t a b.
Plan.
Coupe suiv.t c d.
Élévation.
Coupe suiv.t e f.

Fig. 36.

Emplacements spéciaux pr piéces de gros calibre, avec abris sous la plongée.

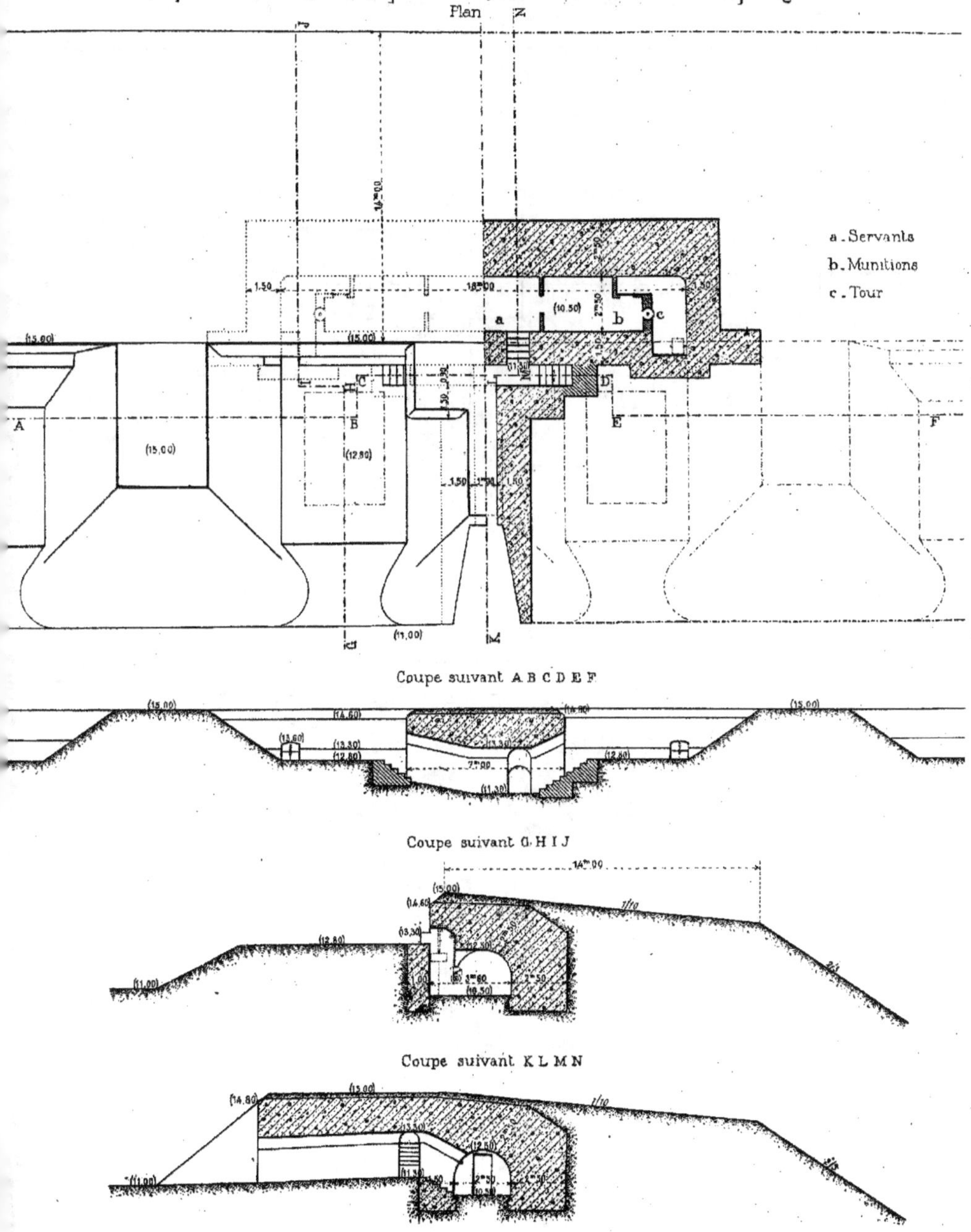

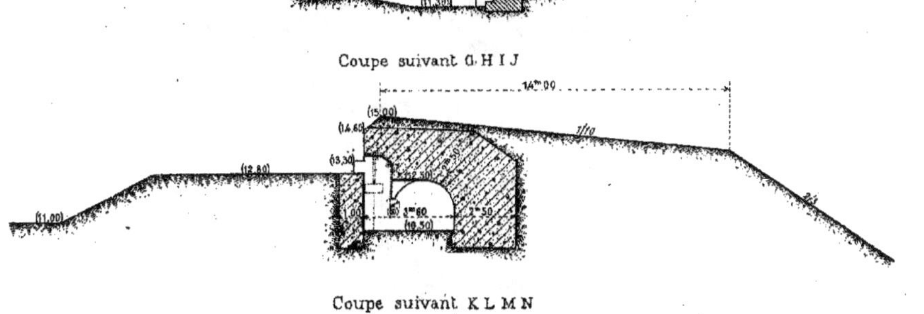

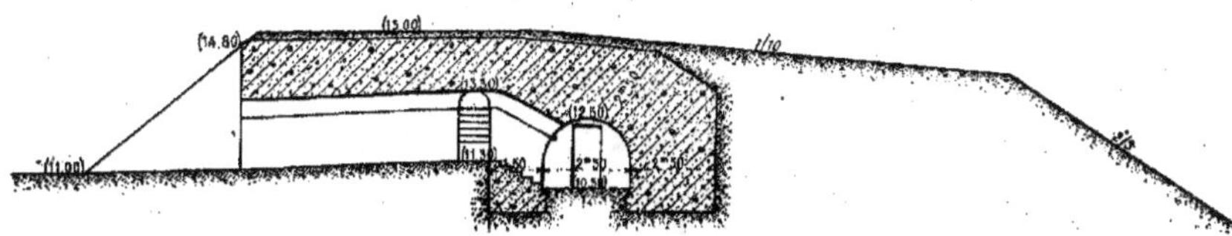

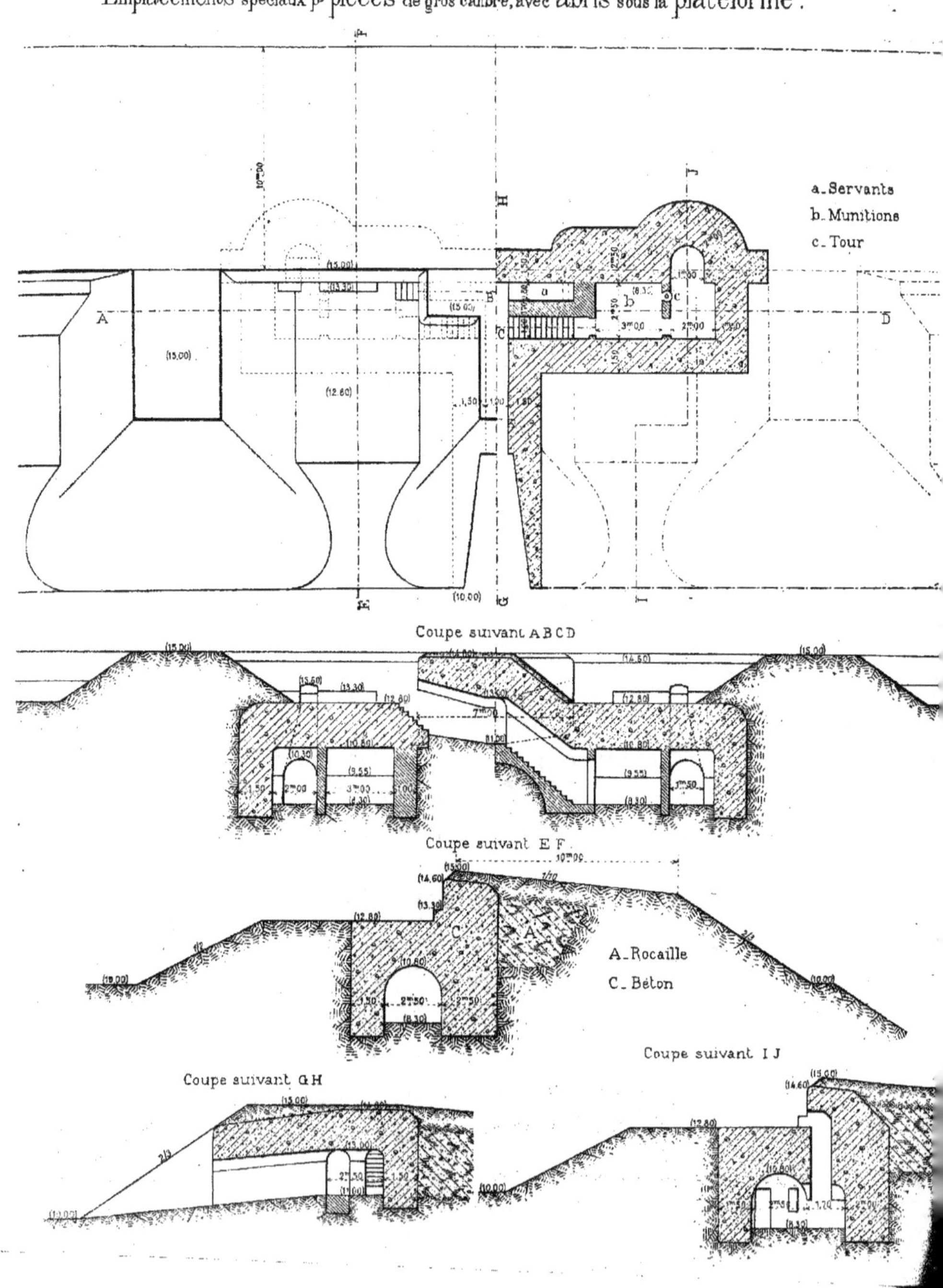

Fig 37.
Emplacements spéciaux pr pièces de gros calibre, avec abris sous la plateforme.
a. Servants
b. Munitions
c. Tour
Coupe suivant A B C D
Coupe suivant E F
A. Rocaille
C. Béton
Coupe suivant G H
Coupe suivant I J

Fig. 38.
Type de Batterie enterrée
conforme à l'Instruction du 4 Août 1885.
Plan. 1/500. 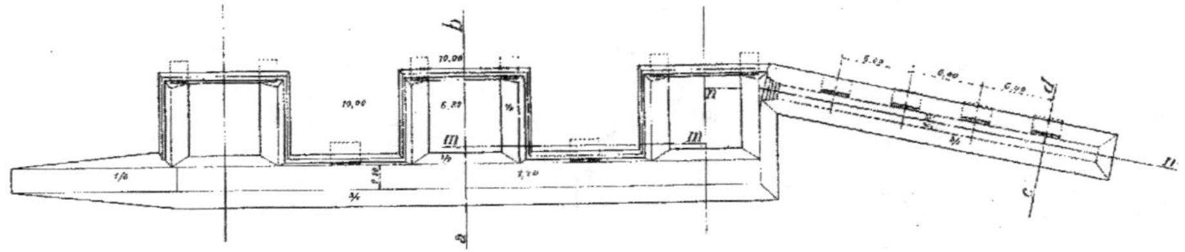
Coupe suiv.t ab. 1/250. 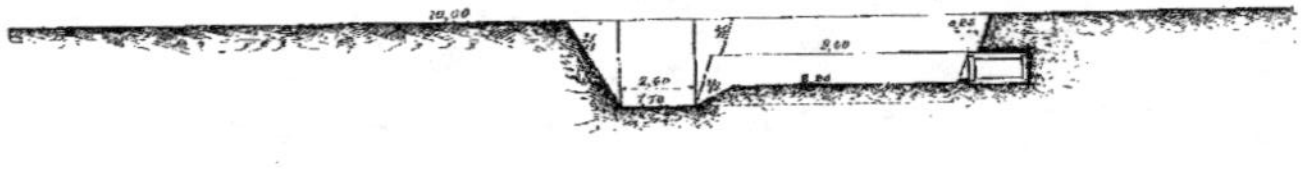
Coupe suiv.t mn. 1/250. 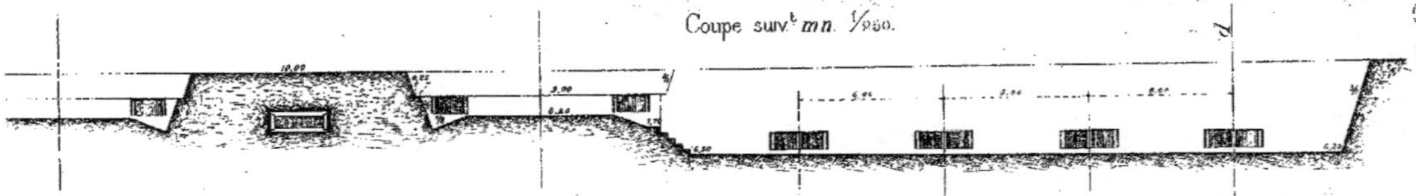
Coupe suiv.t cd. 1/250.

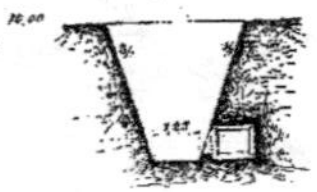

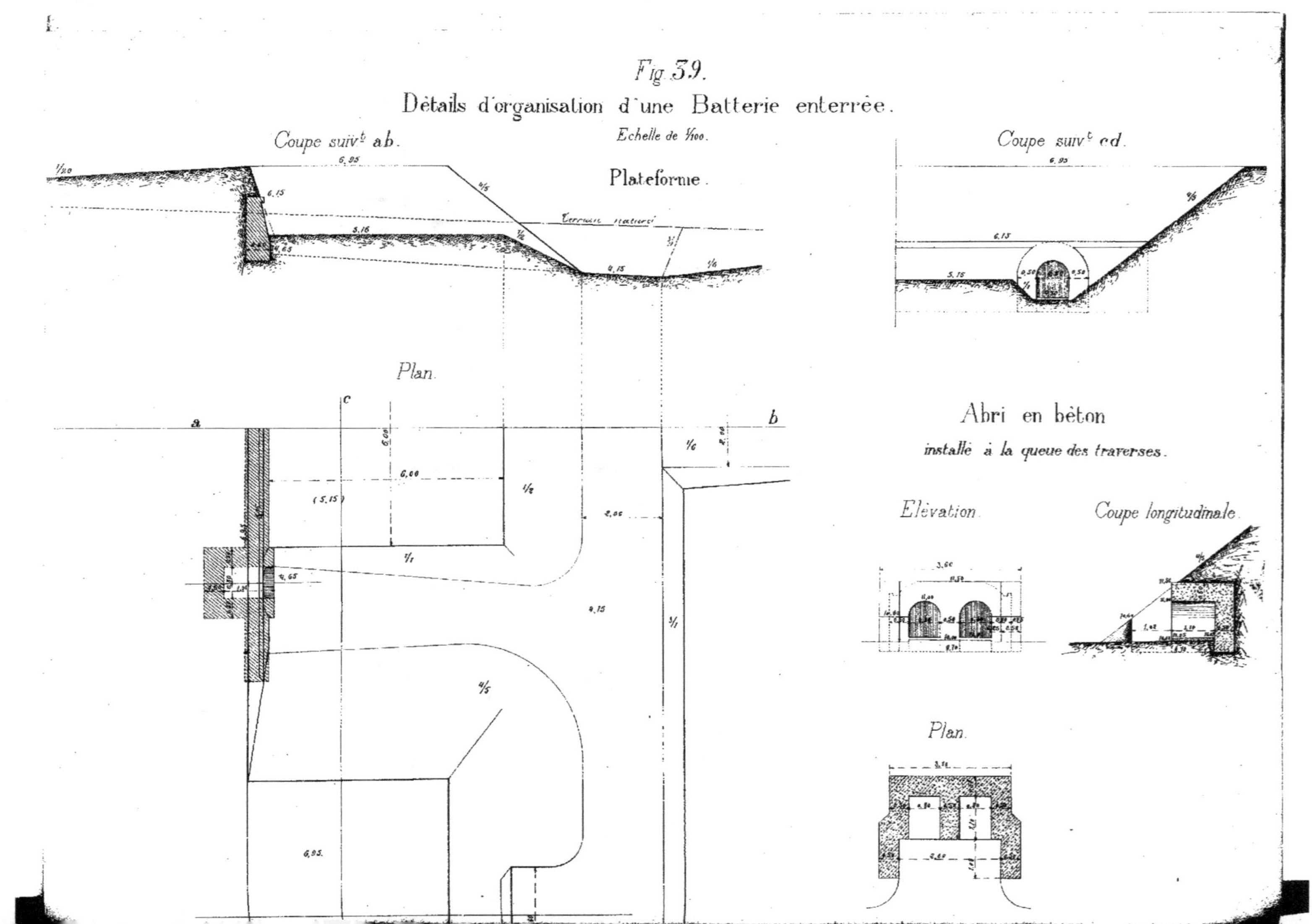

Fig. 59.
Détails d'organisation d'une Batterie enterrée.
Echelle de 1/100.
Coupe suiv.t ab.
Plateforme.
Coupe suiv.t cd.
Terrain naturel
Plan.
Abri en béton
installé à la queue des traverses.
Elévation.
Coupe longitudinale.
Plan.

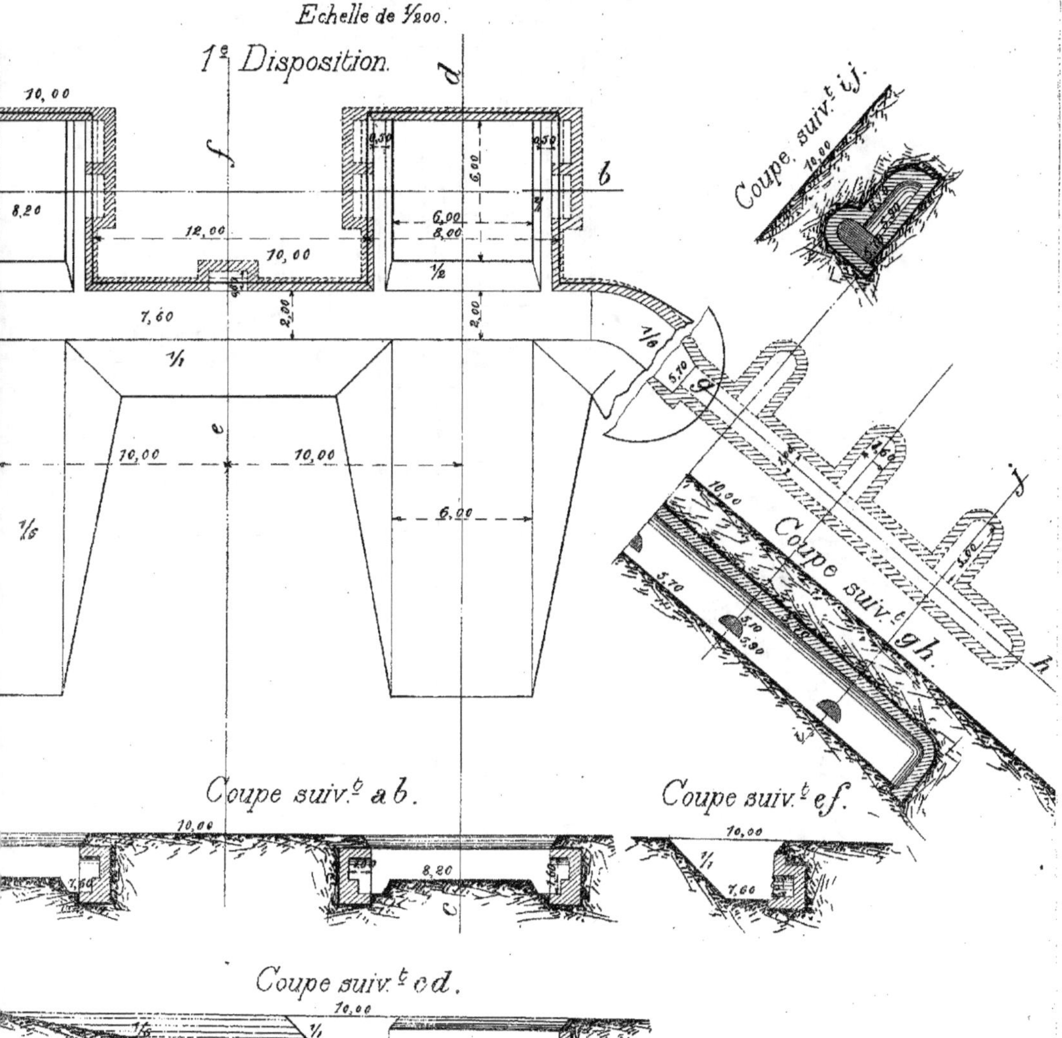

Fig. 40.
Divers types de Batteries enterrées.
Echelle de 1/200.
1e Disposition.
Coupe suivt ij.
Coupe suivt gh.
Coupe suivt ab.
Coupe suivt ef.
Coupe suivt cd.

Fig. 40. (Suite.)

Divers types de Batteries enterrées.

Echelle de ¹⁄₂₀₀.

3ᵉ Disposition.

2ᵉ Disposition.

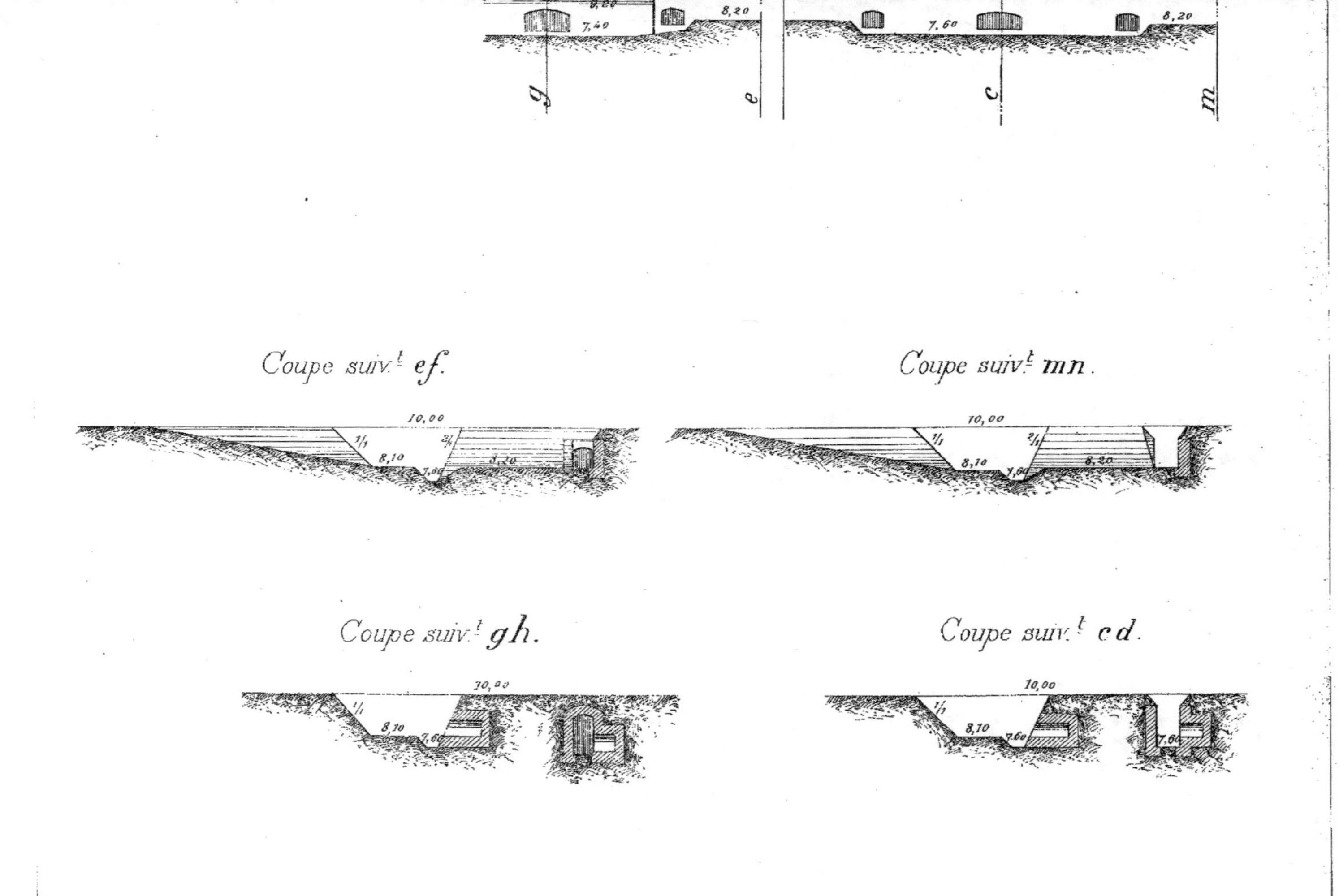

Coupe suiv.t ef.
Coupe suiv.t mn.
Coupe suiv.t gh.
Coupe suiv.t cd.

Fig. 41.

Disposition des pièces d'une batterie en échelons.

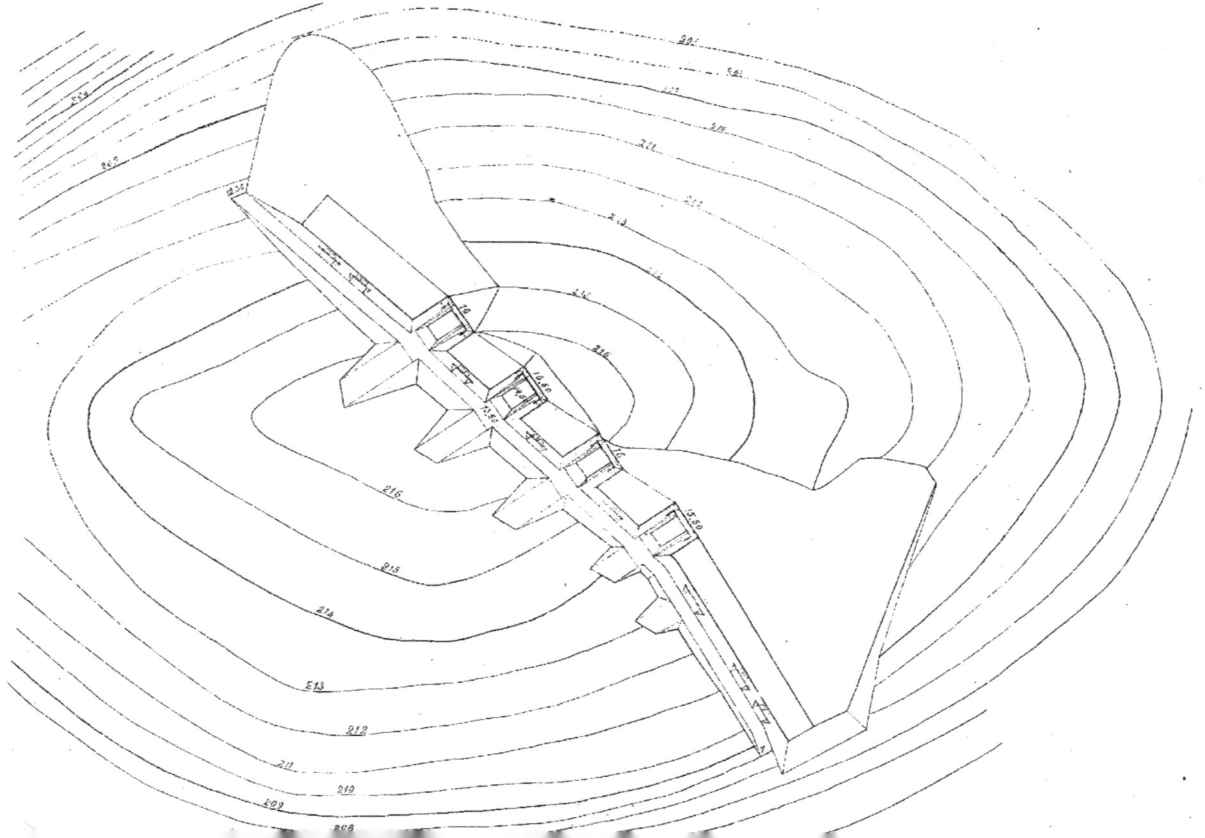

Echelle de $\frac{1}{2000}$.

Tracé d'une Batterie à redan ou à crémaillère.

Fig. 42.

(Coupe d'écharpe venant du bas de la pente.)

Echelle de 1/1000.

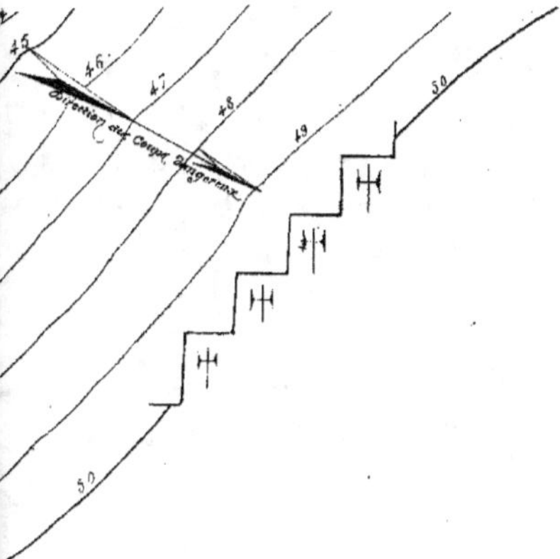

Fig 42.bis

(Coupe d'écharpe venant du haut de la pente.)

Plan.

Echelle de 1/1000.

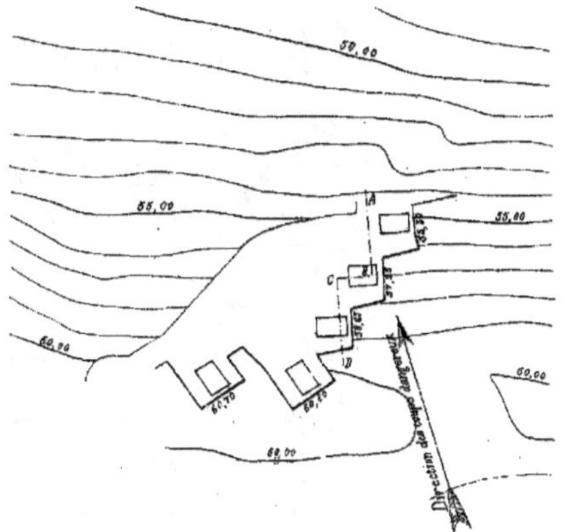

Coupe suivant ABCD.

Echelle de 1/200.

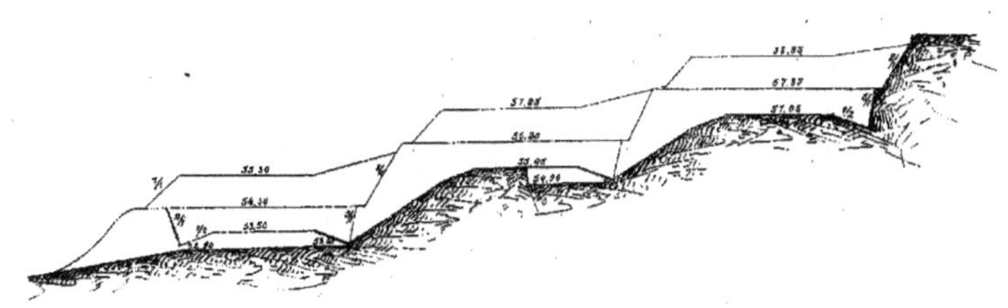

Fig. 43.

Lits de camp à 2 étages.(couloir central) ($\frac{1}{100}$)
Coupe suivant ABCD.

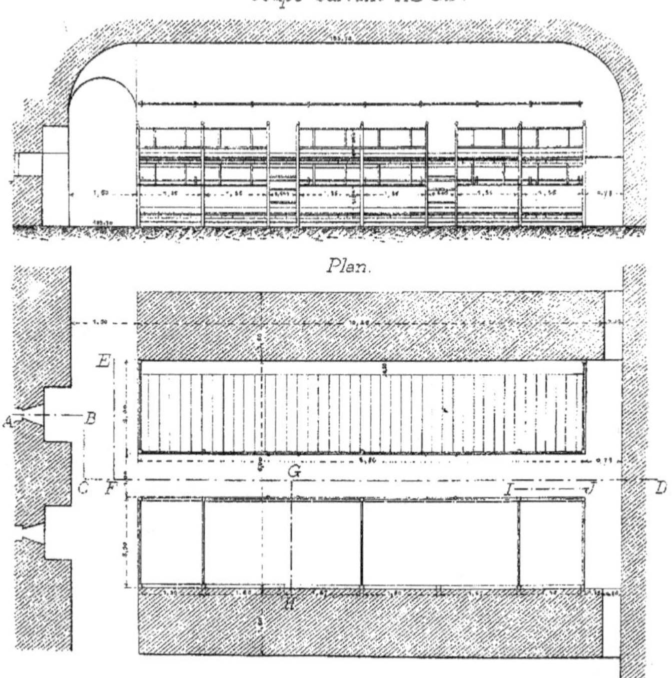

Plan.

Coupe suivant EFGH.

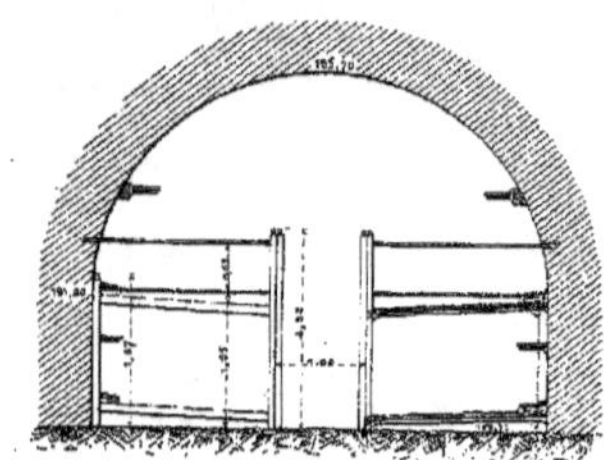

Fig. 43 (suite).

Disposition des rateliers d'armes $\left(\frac{1}{20}\right)$.

horizontaux. verticaux.

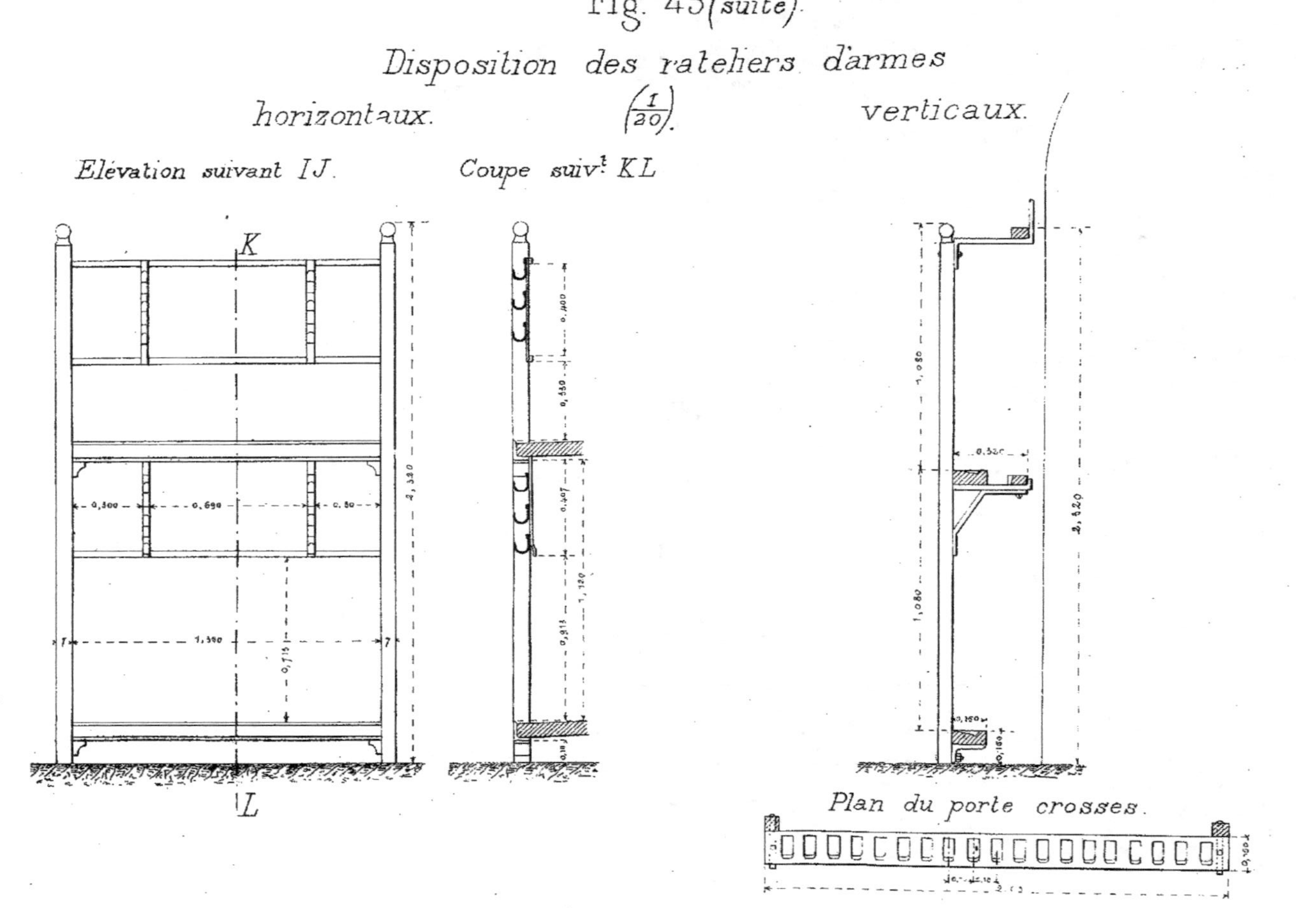

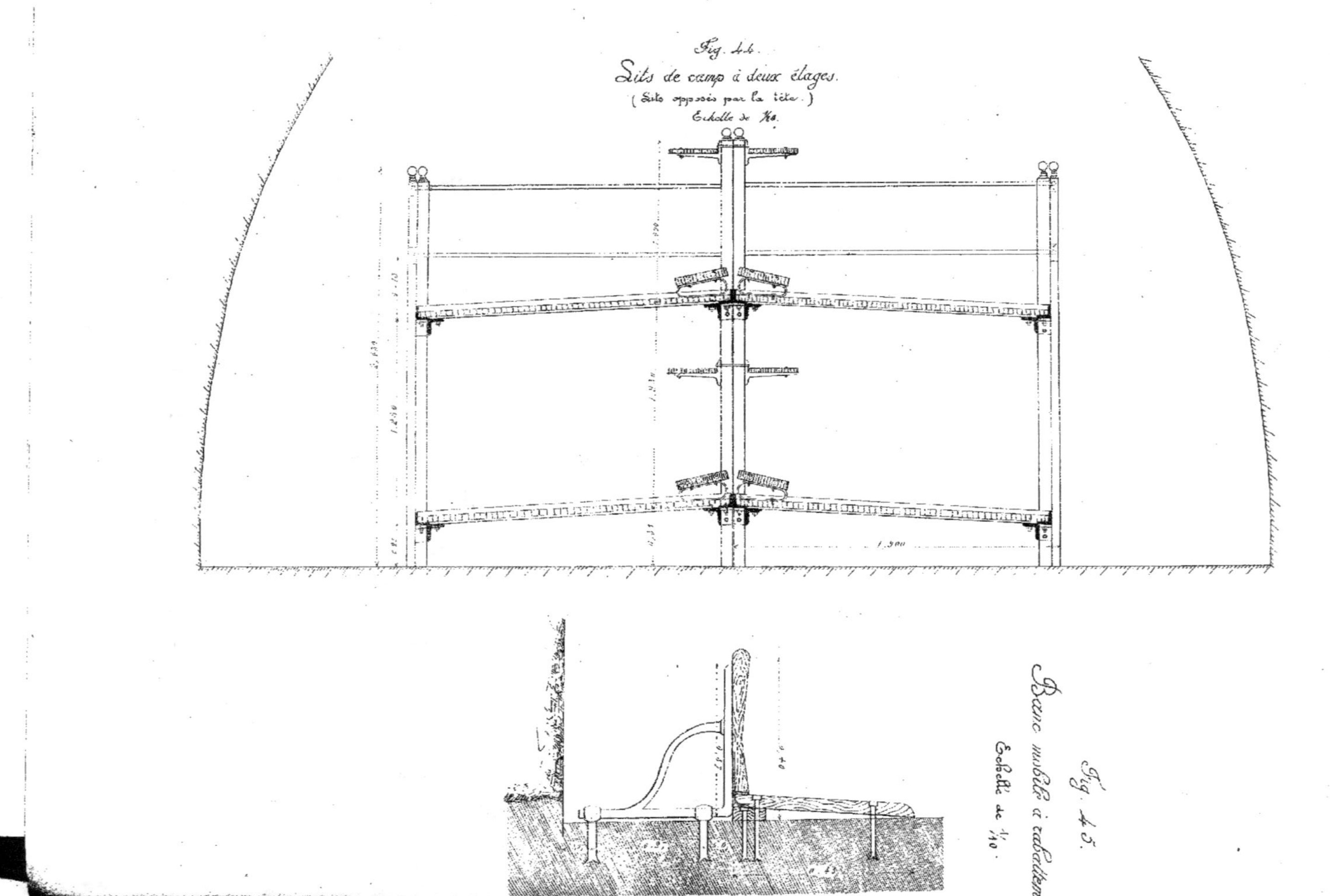

Fig. 44. — Lits de camp à deux étages. (Lits opposés par la tête.) Echelle de 1/10.

Fig. 45. — Banc mobile à rabattement. Echelle de 1/10.

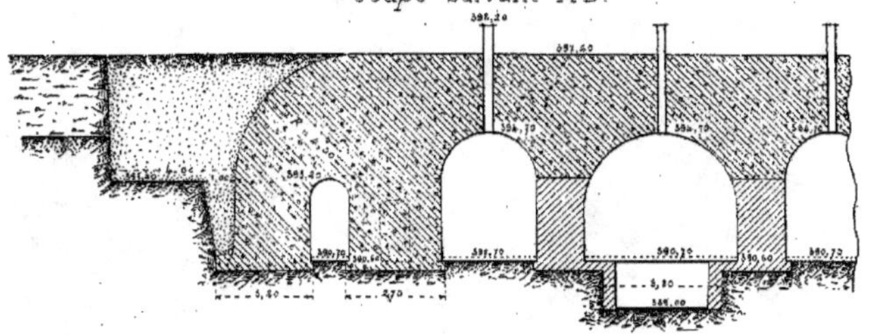

Fig. 46.
Locaux casematés à un étage. ($\frac{1}{200}$)
Coupe suivant AB.

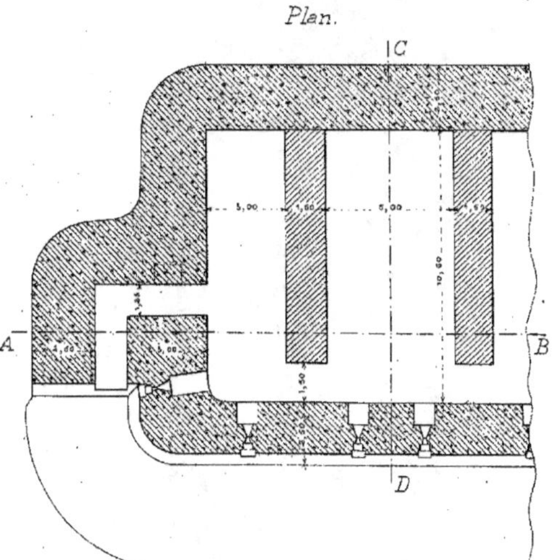

Plan.
C
A
B
D

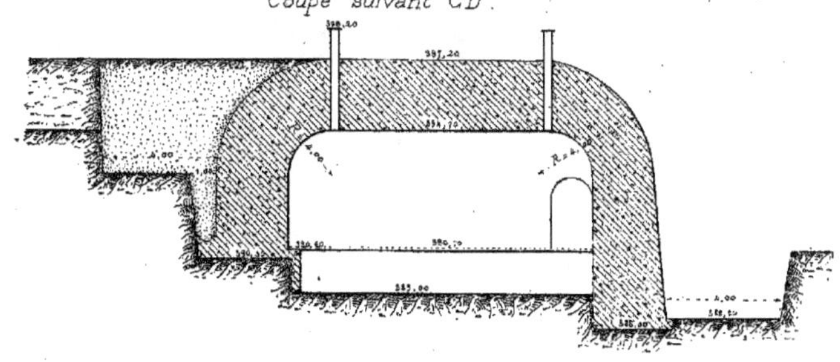

Coupe suivant CD.

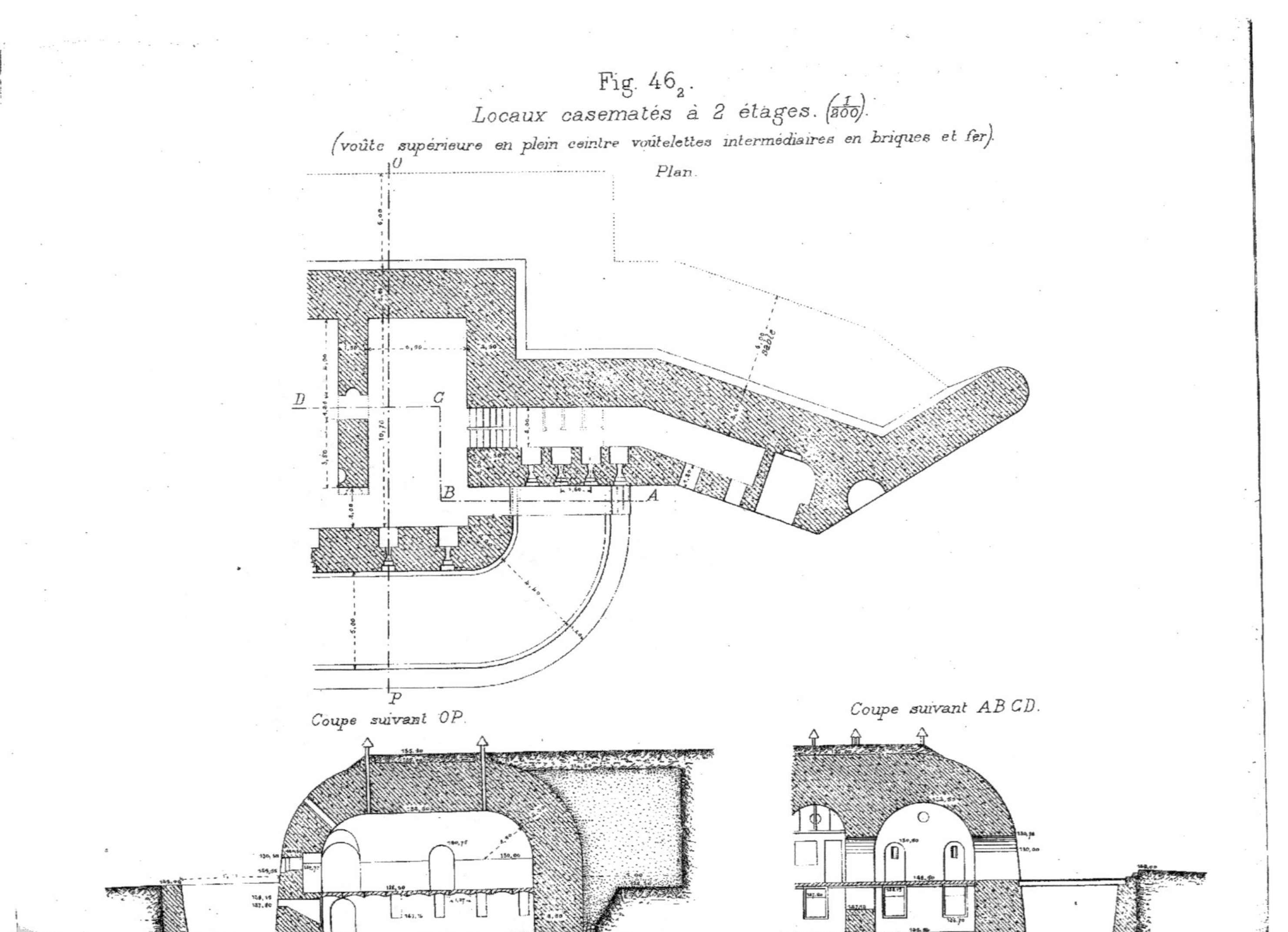

Fig. 46₂.

Locaux casematés à 2 étages. ($\frac{1}{200}$).

(voûte supérieure en plein ceintre voûtelettes intermédiaires en briques et fer).

Fig. 46${}_3$.

Locaux casematés à 2 étages $\left(\frac{1}{200}\right)$

(voûtes surbaissées.)

Plan.

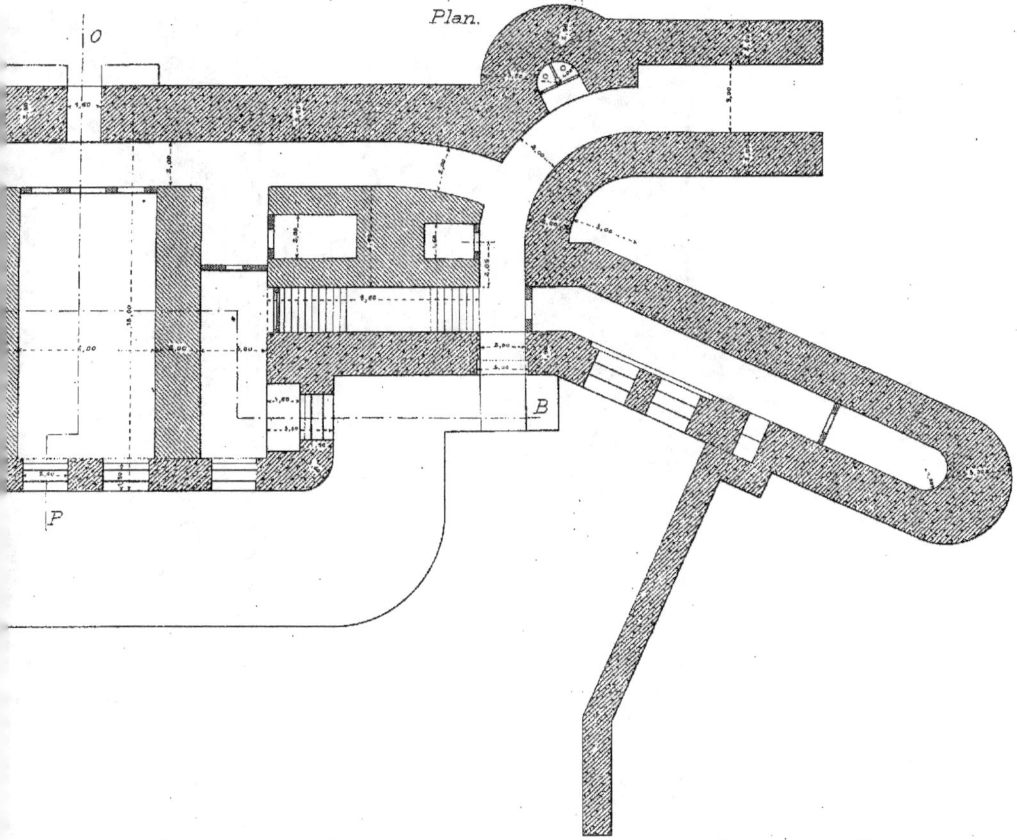

Coupe suivant AB.

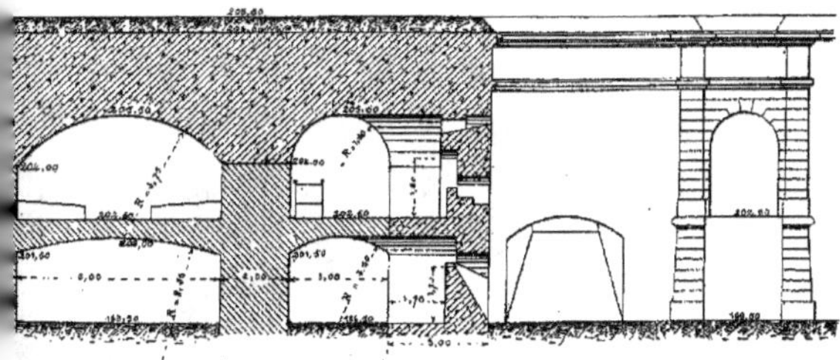

Coupe suivant OP.

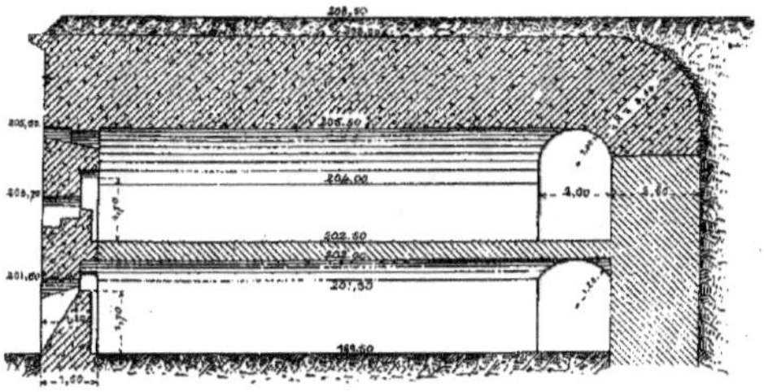

Fig. 47.

Renforcement des abris existants (1ère Disposition.)

Fig. 47₁. Abris constitués par un seul corps de casemates.

Échelle de 1/200ᵉ

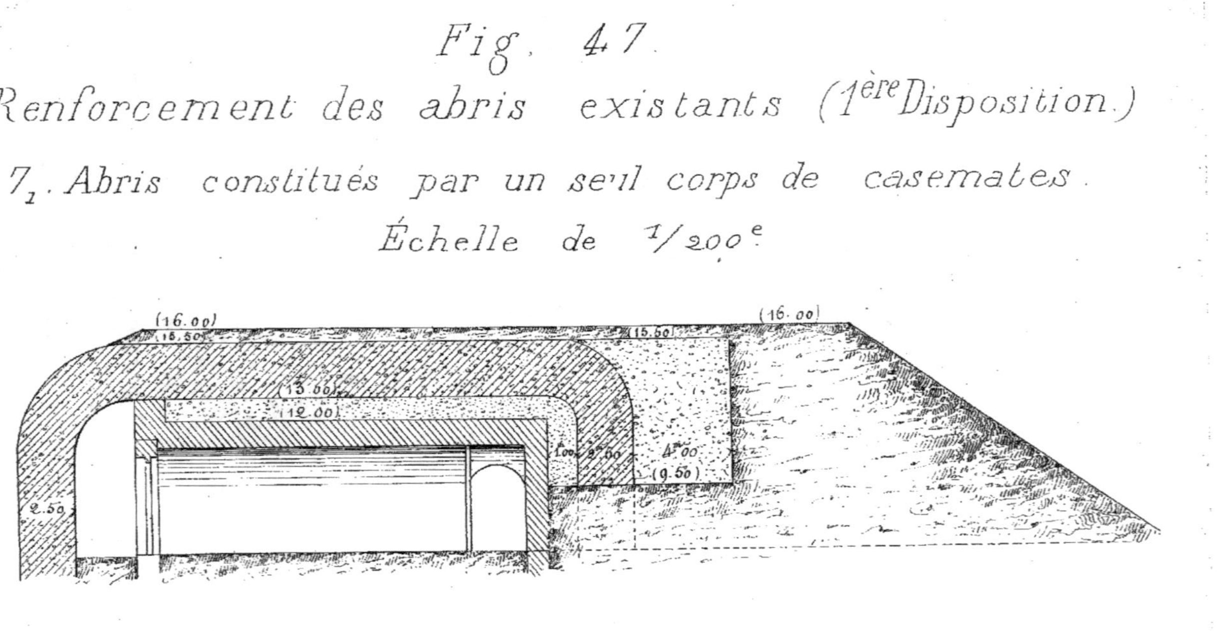

Fig. 47₂. Abris se faisant face sur une cour intérieure.

Renforcement des abris existants (2ᵉᵐᵉ Disposition.)

Fig. 48₁. Abris constitués par un seul corps de casemates.

Echelle de $\frac{1}{200}$.

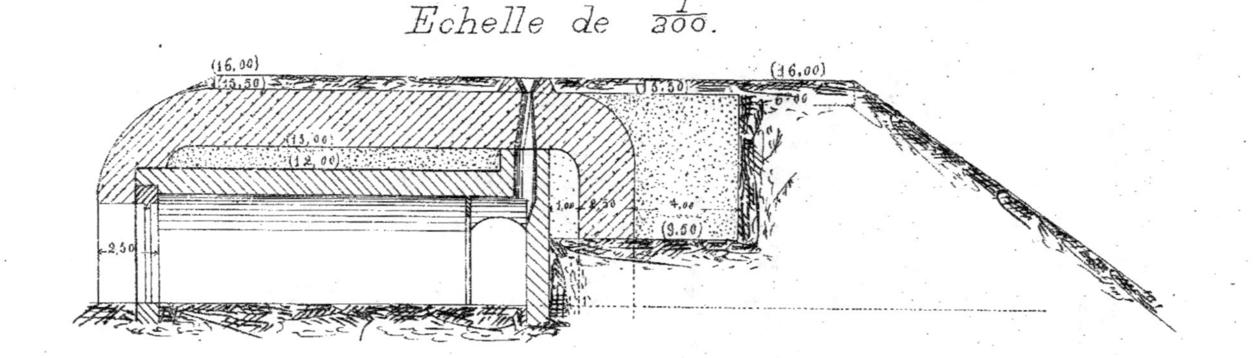

Fig. 48₂. Abris se faisant face sur une cour intérieure.

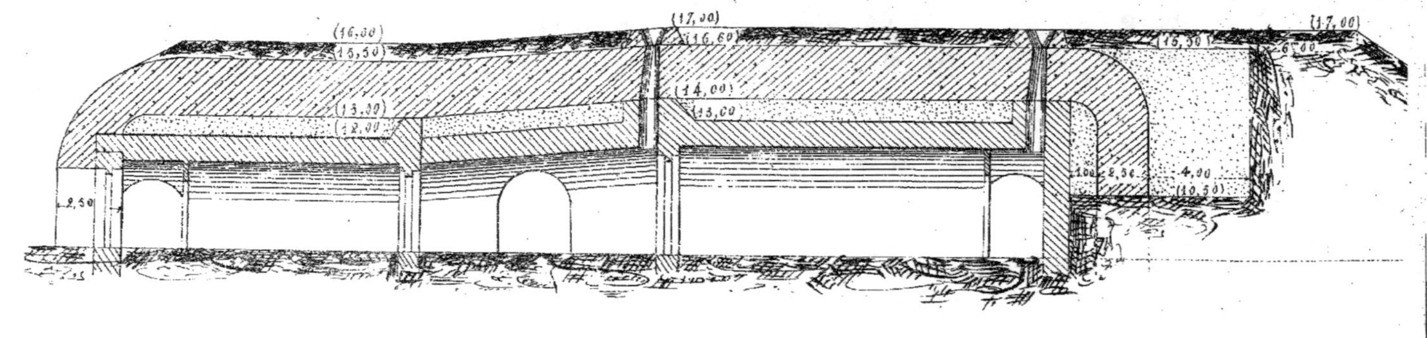

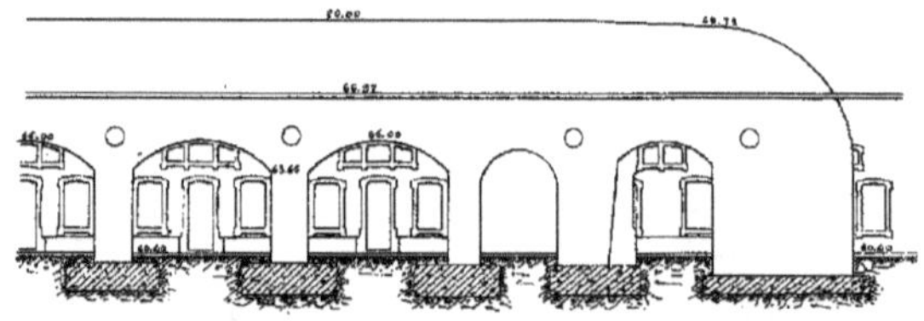

Coupe suivant AB.

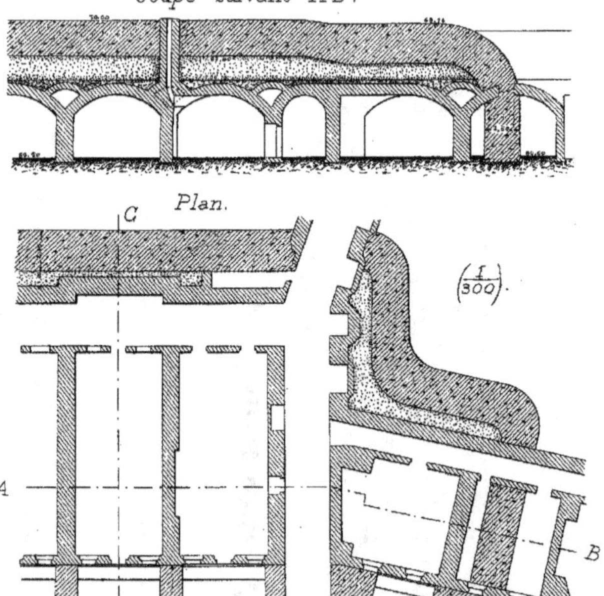

Coupe suivant CD.

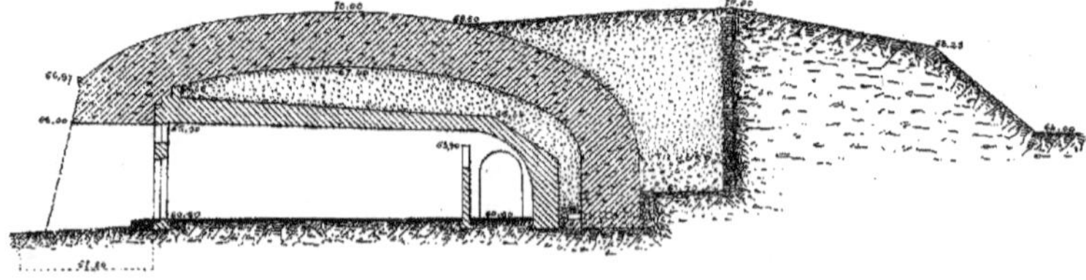

Exemple de consolidation des anciennes casemates
en vue de résister à la surcharge du mantelet en béton.

Echelle de 1/200.

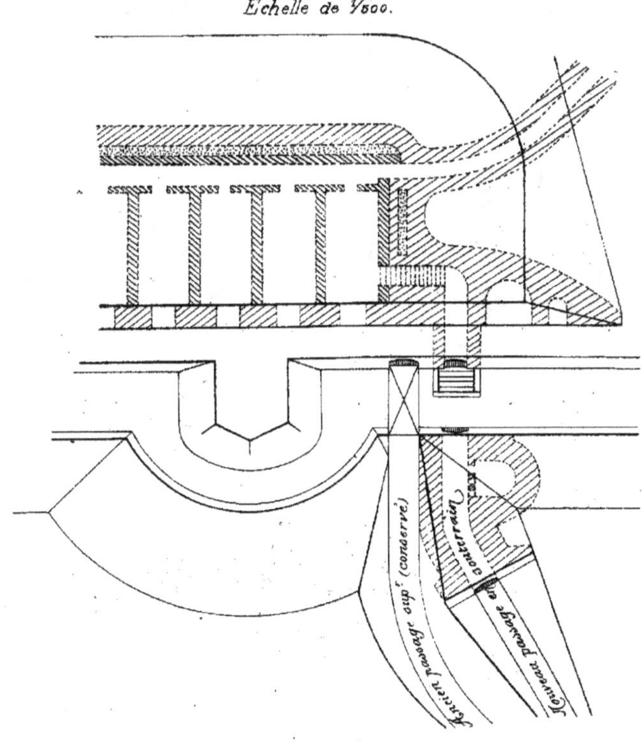

Passage inférieur avec Poterne d'accès dans l'intérieur de Locaux casematés.

Echelle de 1/500.

Casernement nouveau dans le cas de locaux difficiles à transformer

Plan d'ensemble $\left(\frac{1}{1000}\right)$.

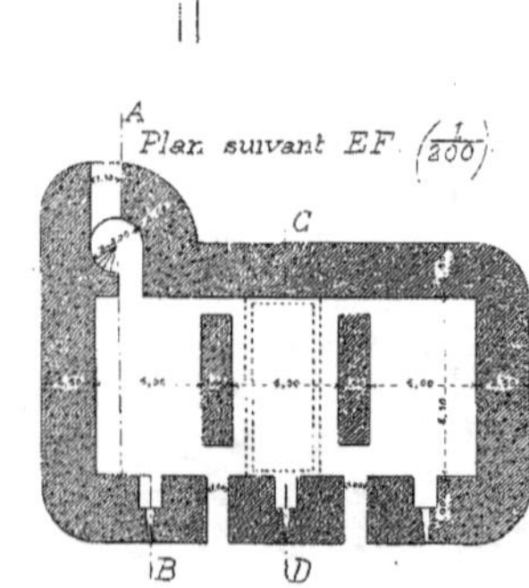

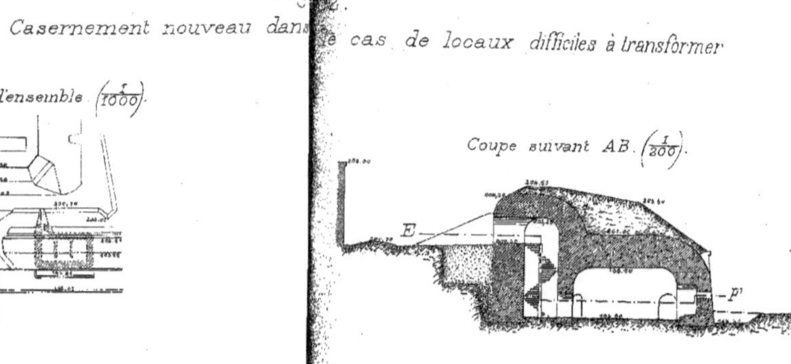

Fig. 53.

Type des abris Allemands construits
autour de Metz comme magasins à munitions.

Echelle de 1/400.

Elévation suivant CD.

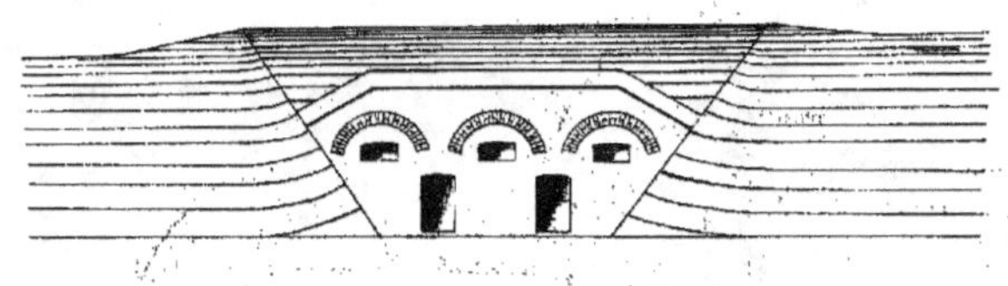

Coupe suivant AB.

Plan.

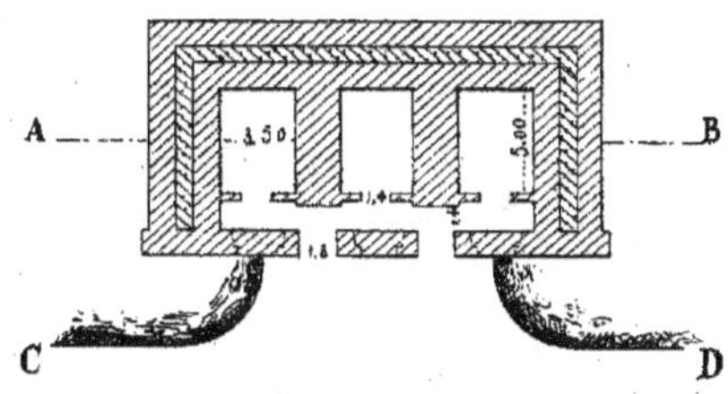

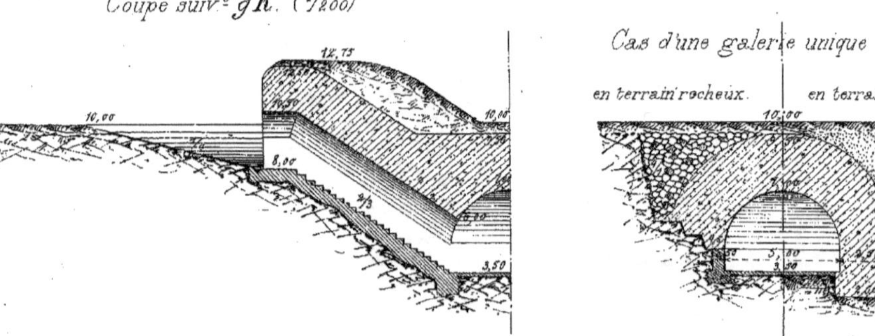

Fig. 52 bis
Abris - logements installés dans le sol et recouverts
d'une carapace en béton de ciment.
Coupe suiv.ᵗ a b. (1/200)
Abri en terrain rocheux.
Abri en terrain ordinaire.
Coupe suiv.ᵗ c d. (1/200)
Abri en terrain rocheux.
Coupe suiv.ᵗ e f. (1/200)
Abri en terrain ordinaire.
Plan. (1/500)
Coupe suiv.ᵗ g h. (1/200)
Cas d'une galerie unique (1/200)
en terrain rocheux.
en terrain ordinaire.

Casemates caverneé dans un ouvrage en façonde sur une corni…

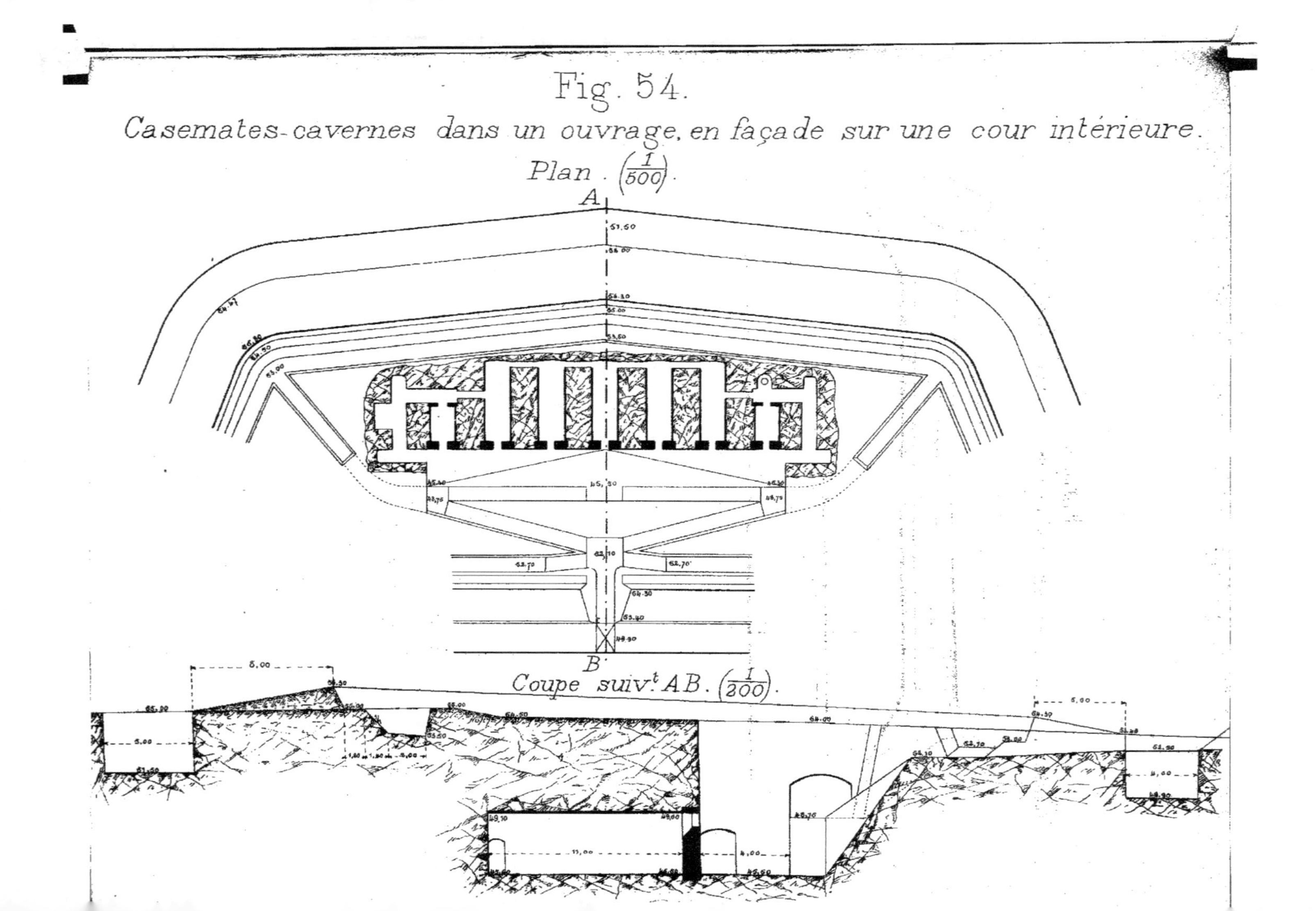

Fig. 54.
Casemates-cavernes dans un ouvrage, en façade sur une cour intérieure.
Plan. (1/500).
A
B
Coupe suiv.t AB. (1/200).

Fig. 55.

Casemates-cavernes en façade sur la gorge d'un ouvrage.

Plan. $\left(\frac{1}{500}\right)$

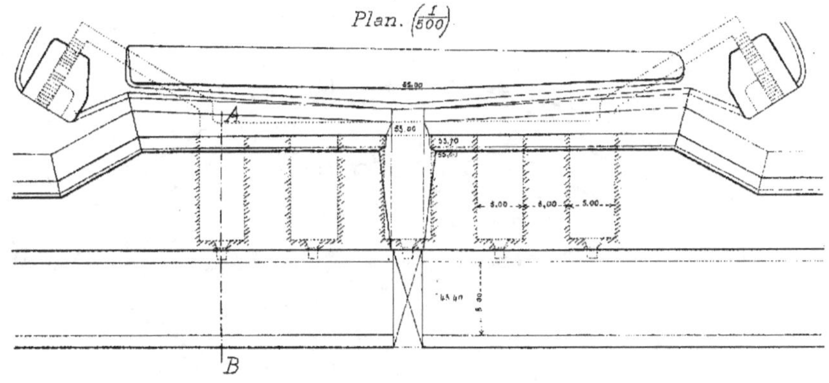

Coupe suivant A.B. $\left(\frac{1}{250}\right)$

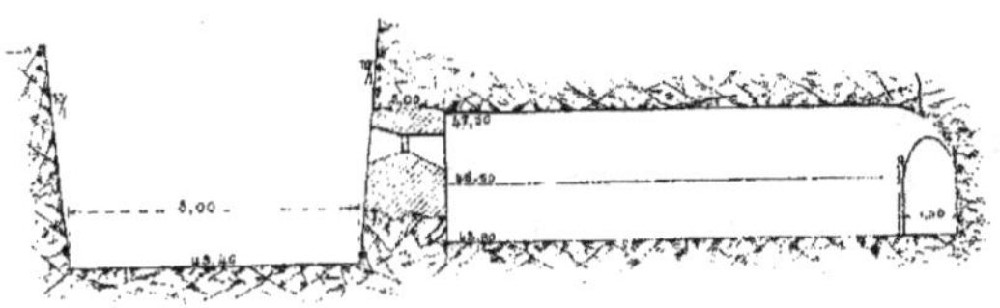

Fig. 56.

Casemates-cavernes

complètement noyées sous le sol d'un ouvrage.

Plan. $\left(\frac{1}{500}\right)$.

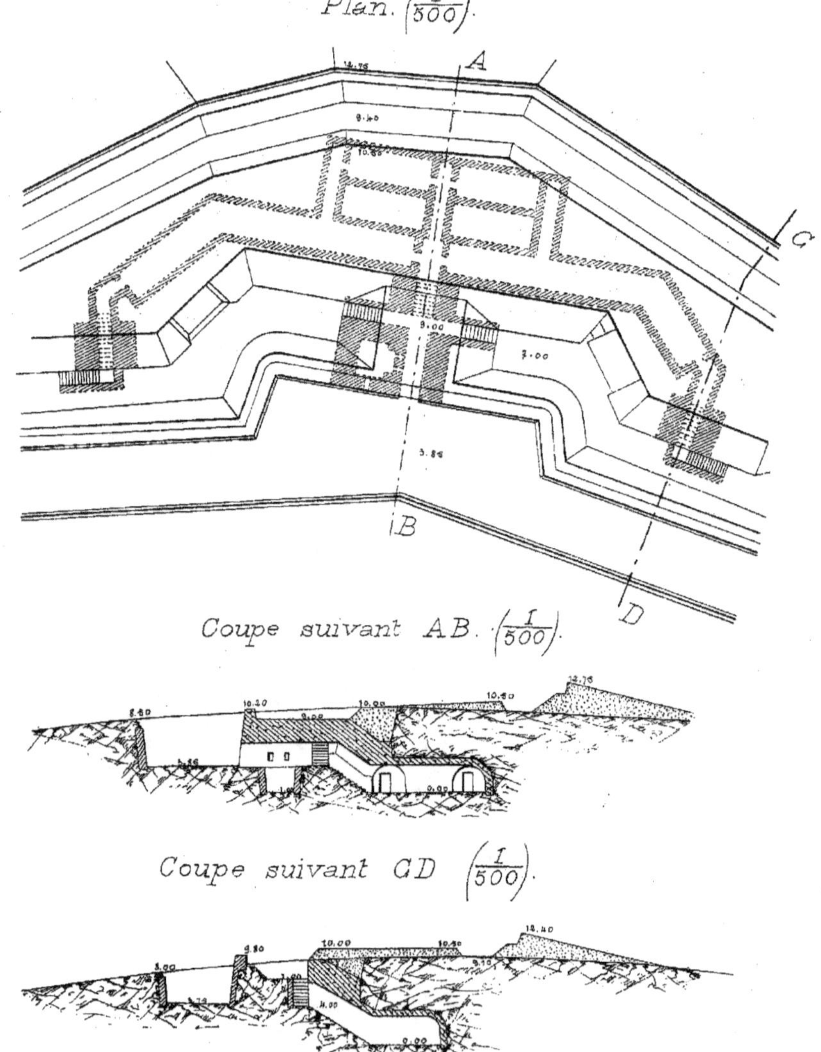

Coupe suivant AB. $\left(\frac{1}{500}\right)$.

Coupe suivant CD $\left(\frac{1}{500}\right)$.

Fig. 58.

Abris-cavernes sous le glacis de gorge d'un ouvrage avec
communication souterraine.

Plan. $\left(\frac{1}{500}\right)$.

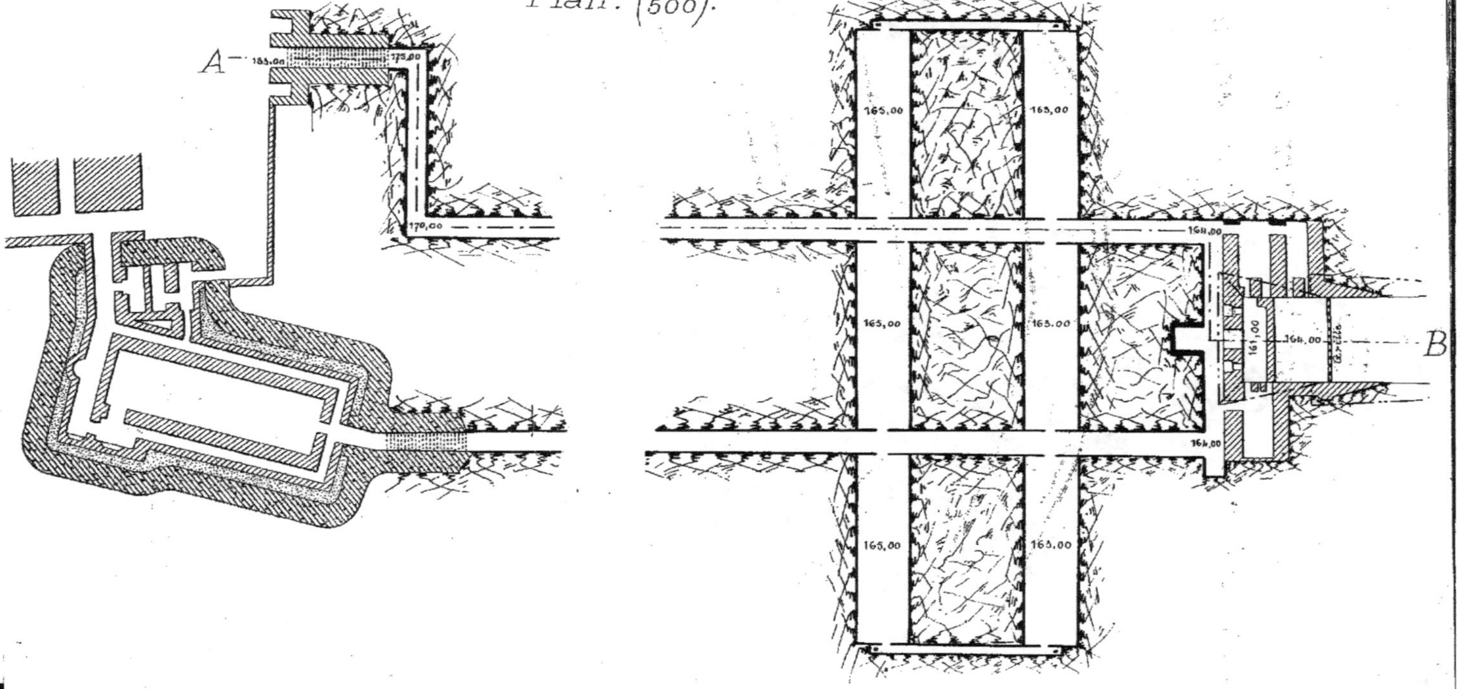

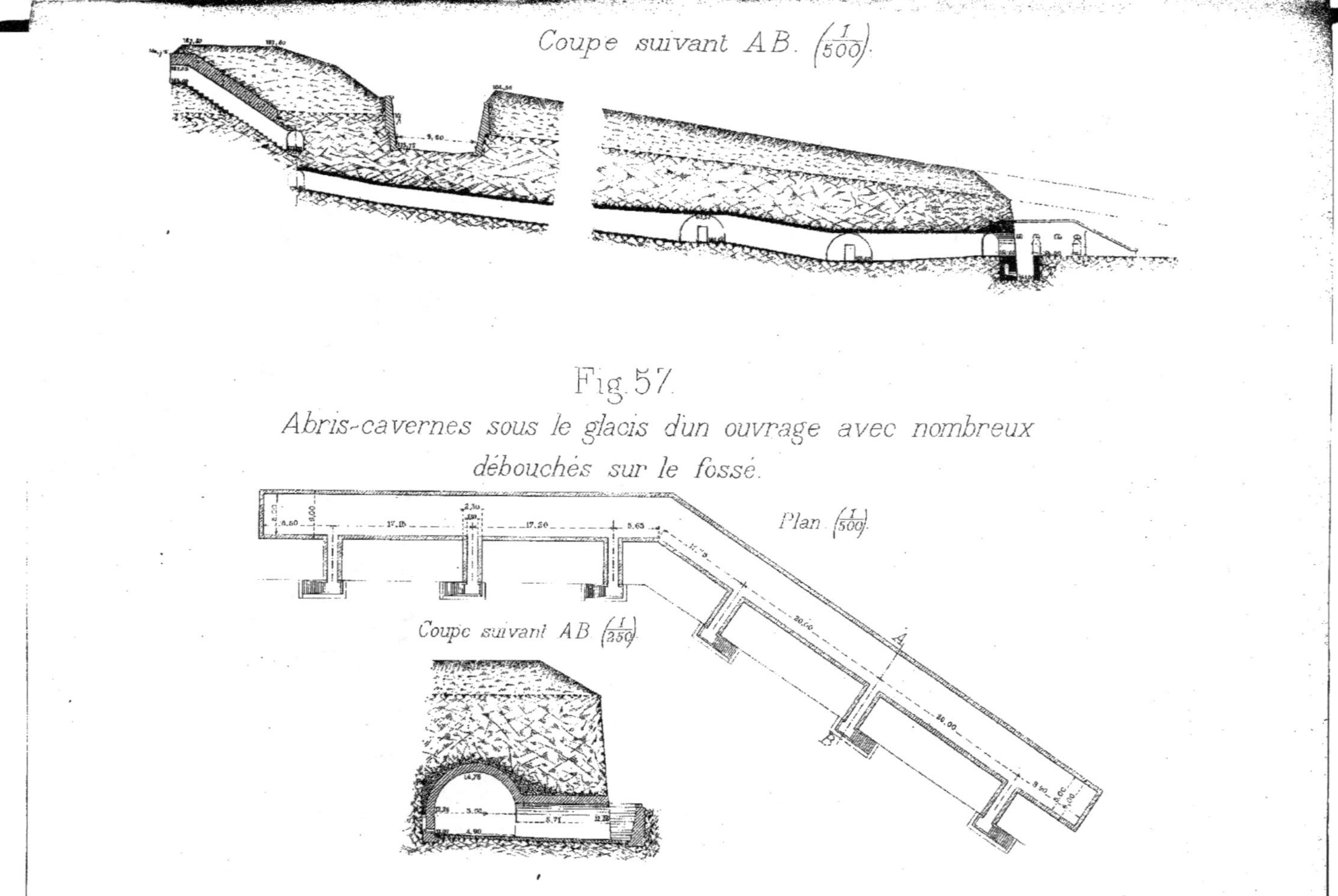

Fig. 57.

Abris-cavernes sous le glacis d'un ouvrage avec nombreux débouchés sur le fossé.

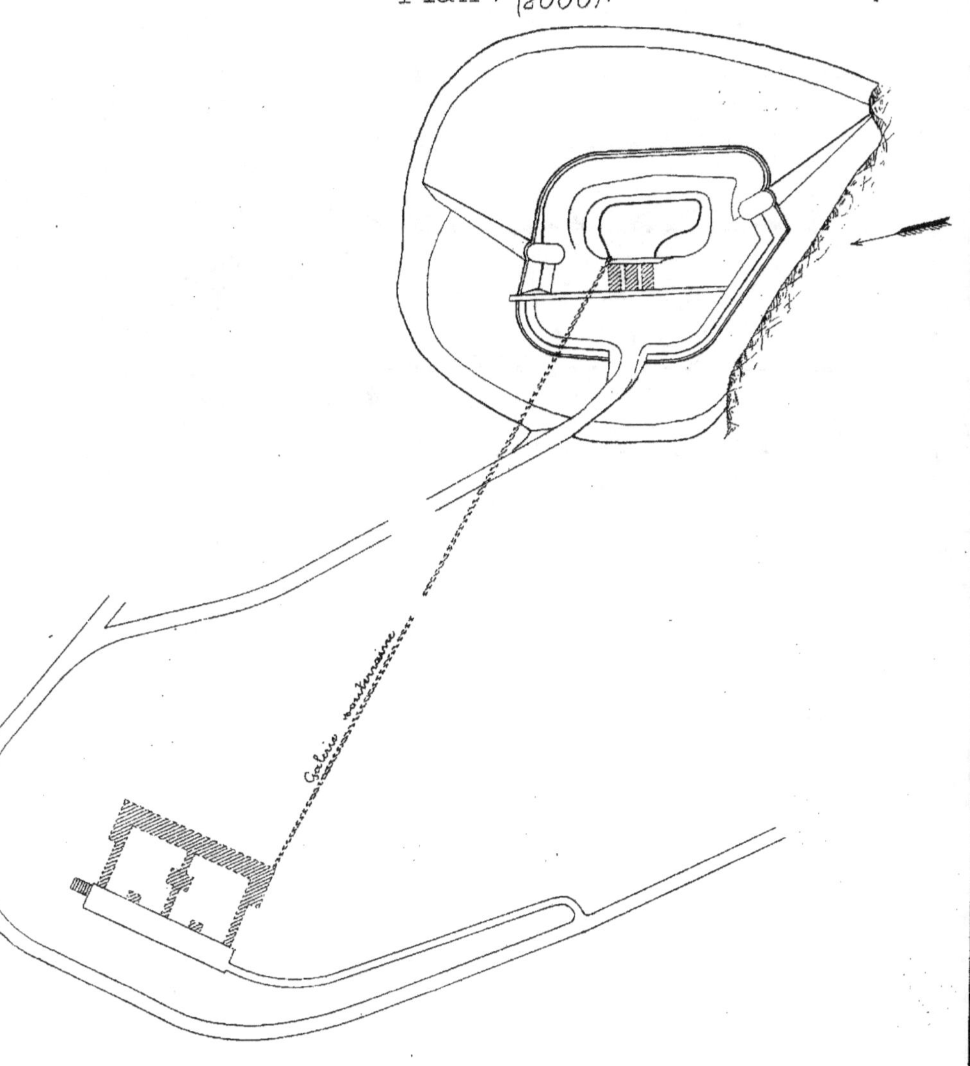

Fig. 59.

Casemates-cavernes extérieures reliées à l'ouvrage par une galerie souterraine.

Plan. $\left(\frac{1}{2000}\right)$.

Fig. 60.
Casemates-cavernes
de section moyenne débouchant directement à l'extérieur.
Echelle de 1/200.
Coupe suiv.t ab.
c
d
f
e
Coupe suiv.t cd.
Coupe suiv.t ef.
a
b

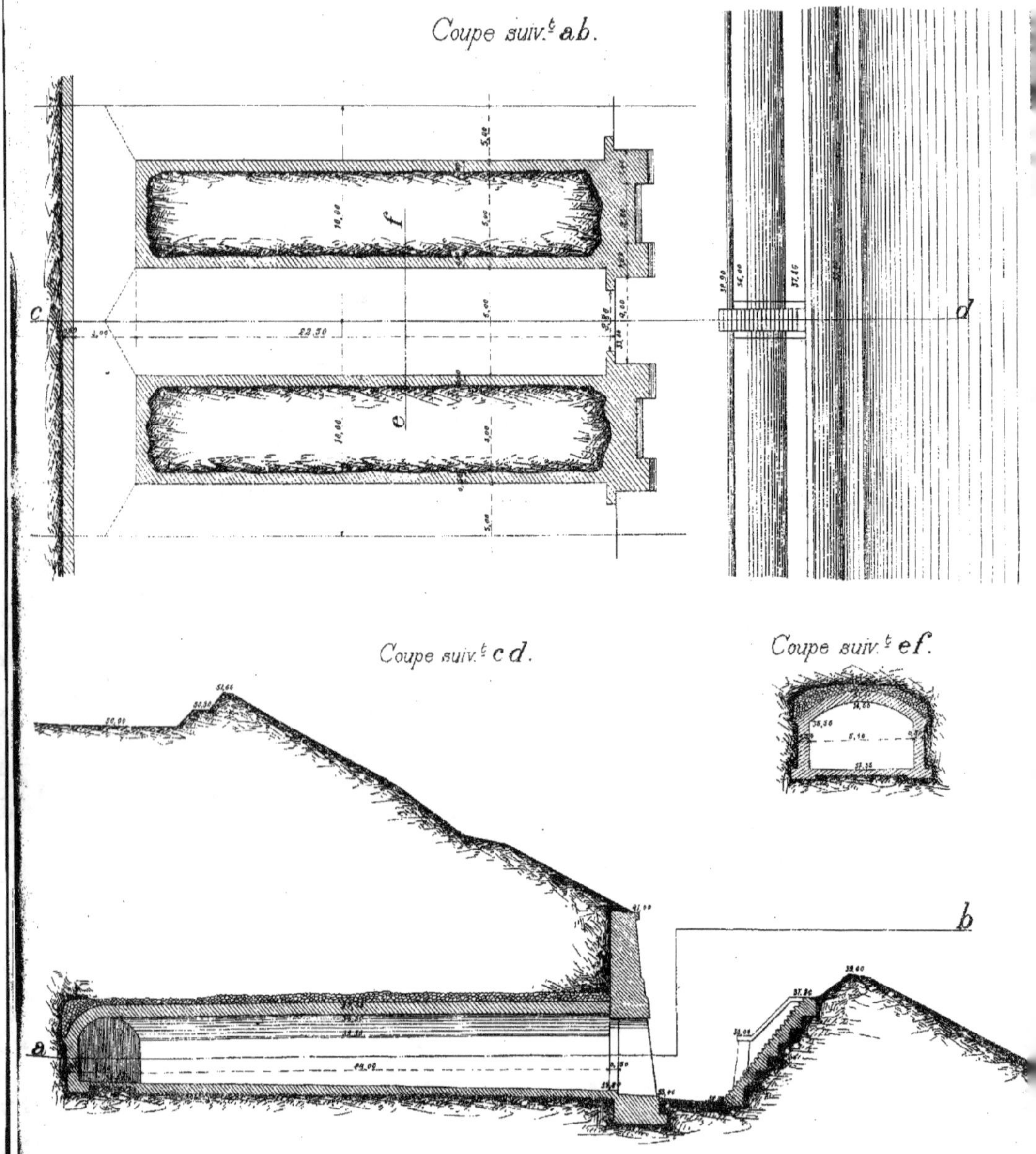

Casemate_caverne.

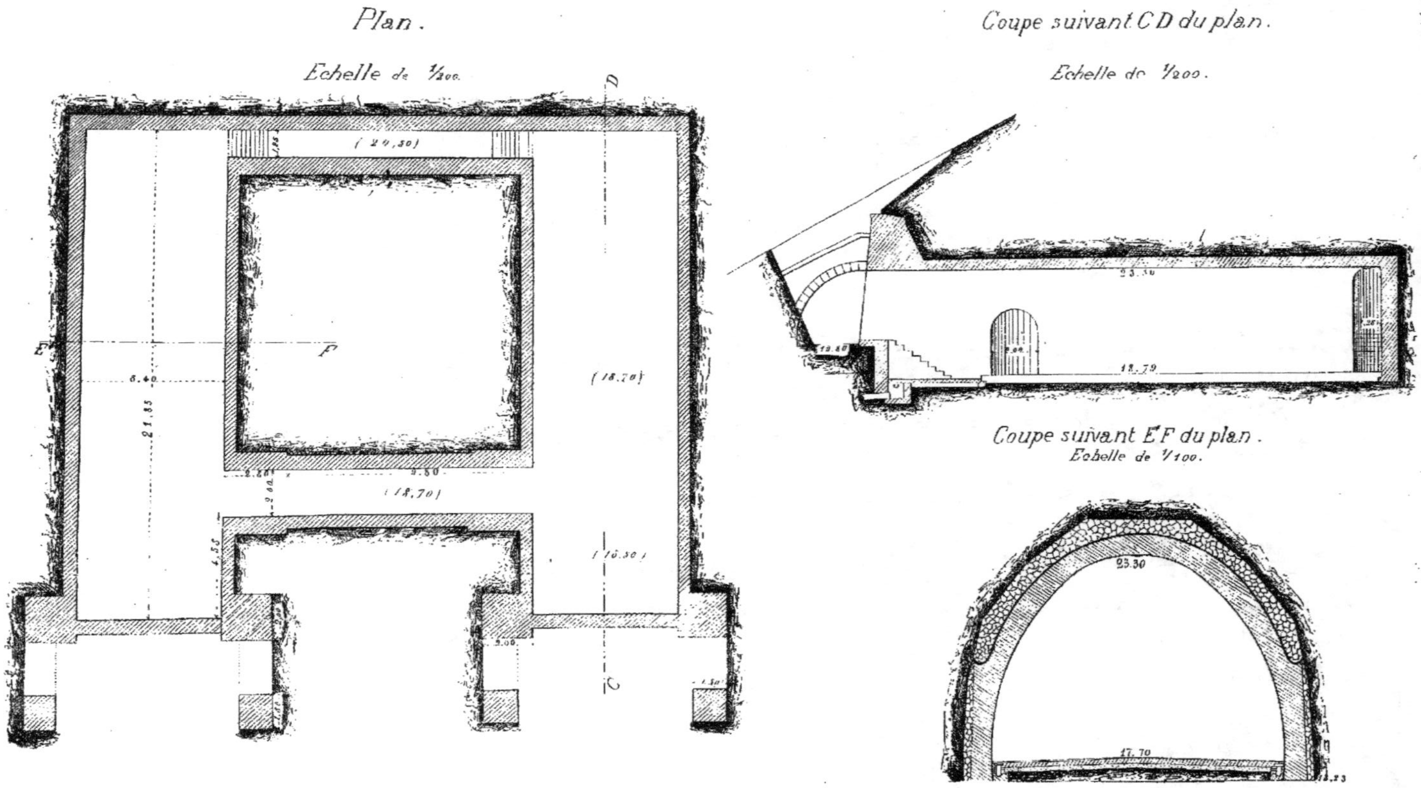

Fig. 62.

Casemate-caverne de section moyenne entièrement enfouie sous le sol avec couloirs d'accès perpendiculaires.

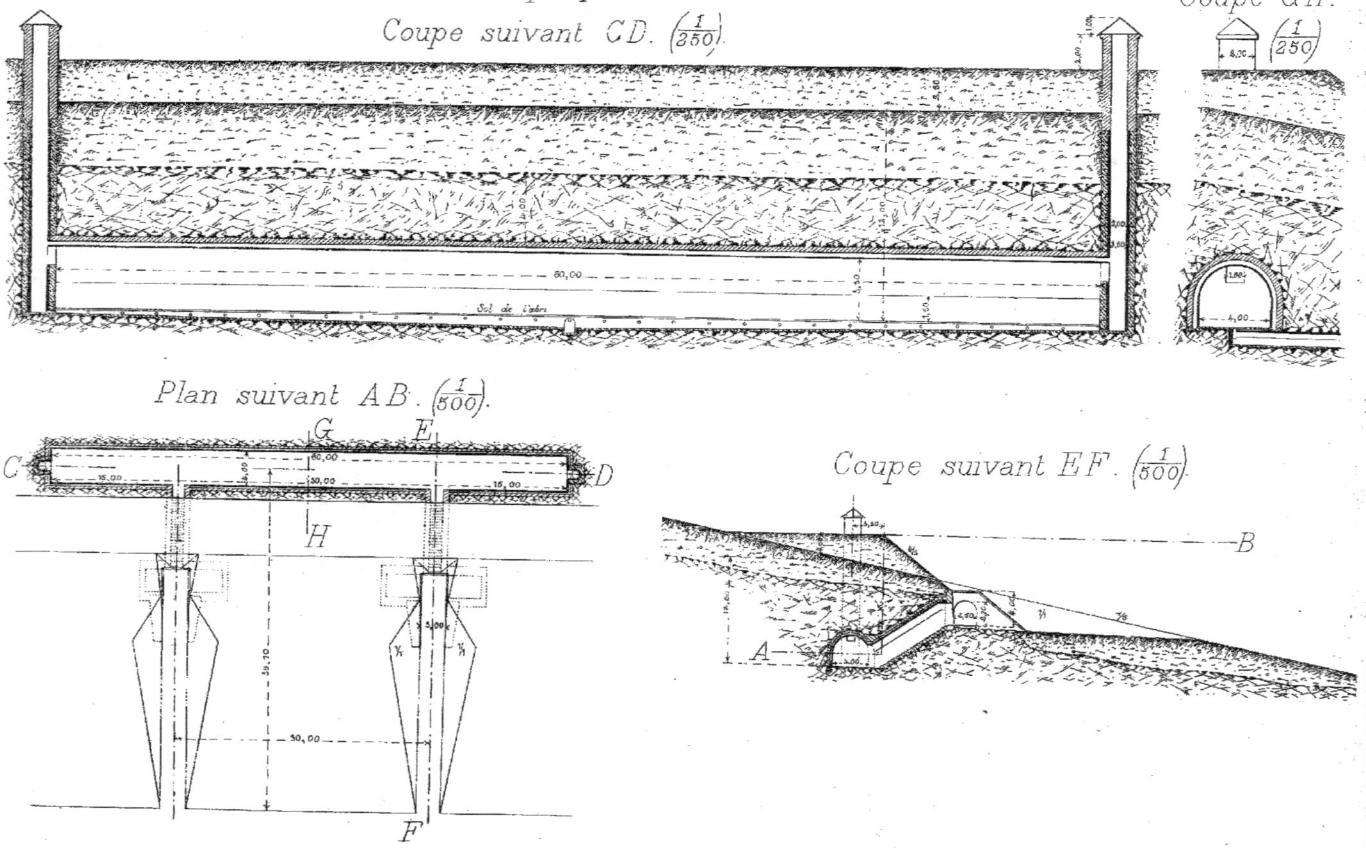

Fig. 63.

Casemate caverne de grande section enfouie sous le sol avec couloirs d'accès perpendiculaires. $\left(\frac{1}{500}\right)$

Plan.

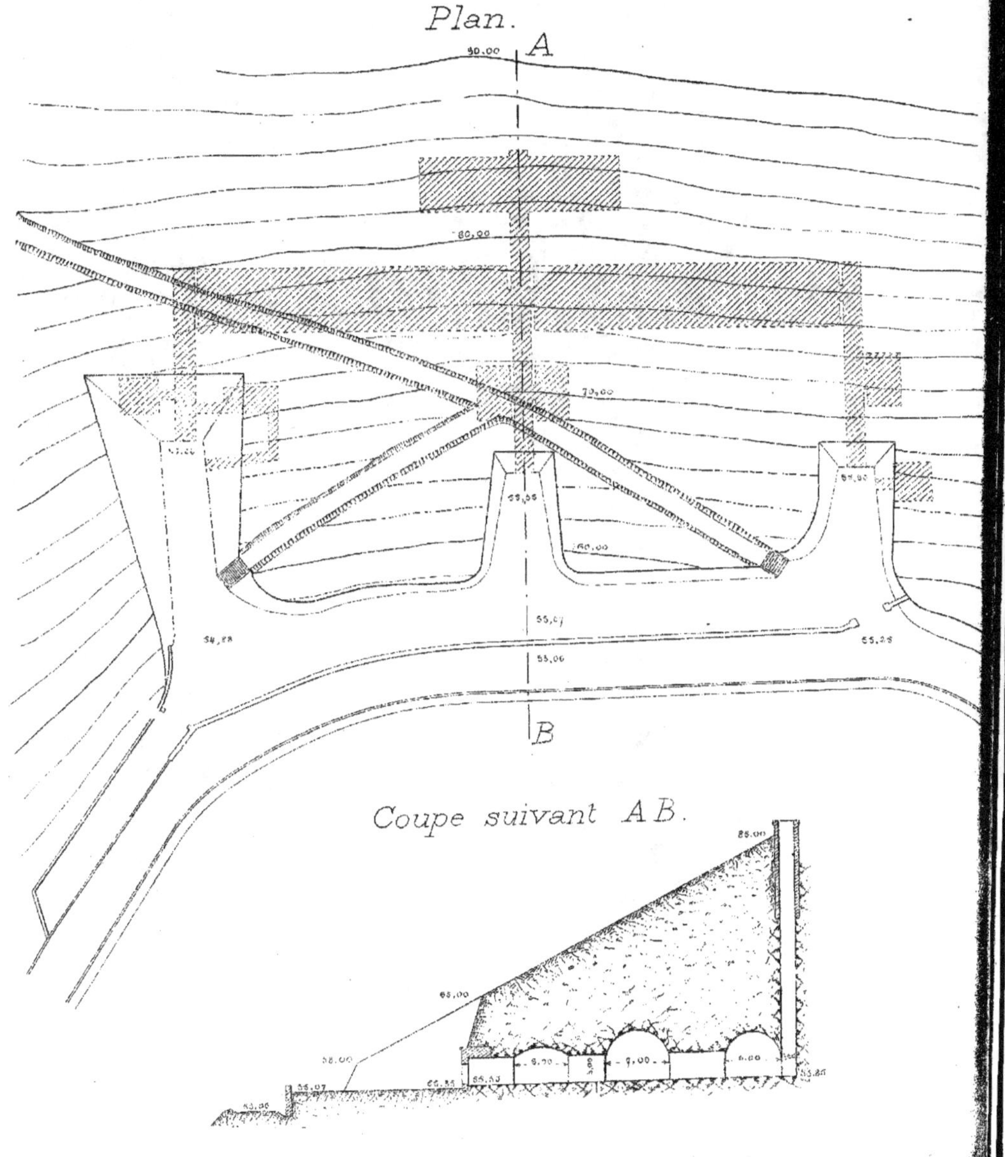

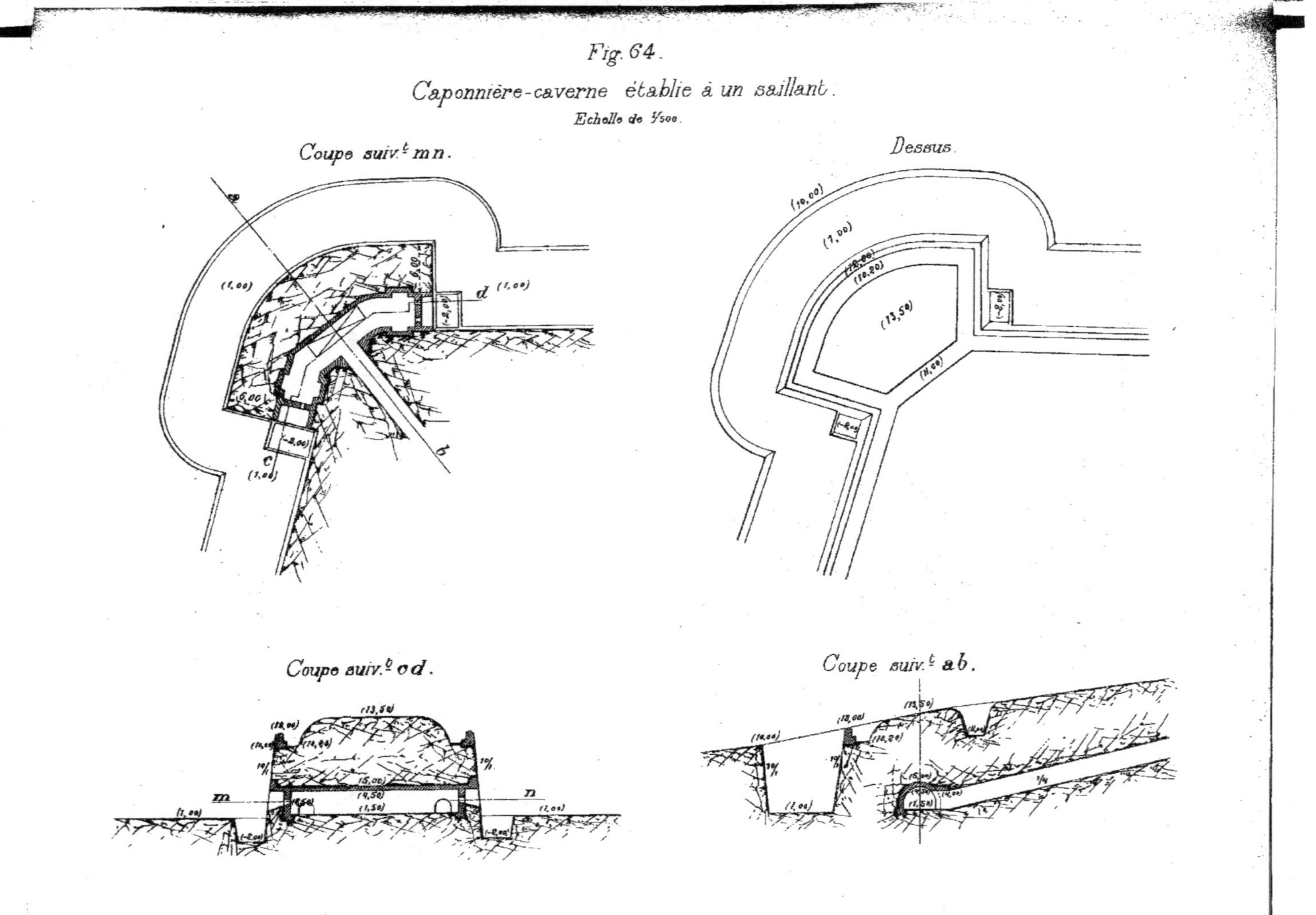

Fig. 64. — Caponnière-caverne établie à un saillant.

Fig. 65.

Coffre de contrescarpe en caverne avec blindage sup.ʳ en béton.

Echelle de ¹⁄₂₀₀.

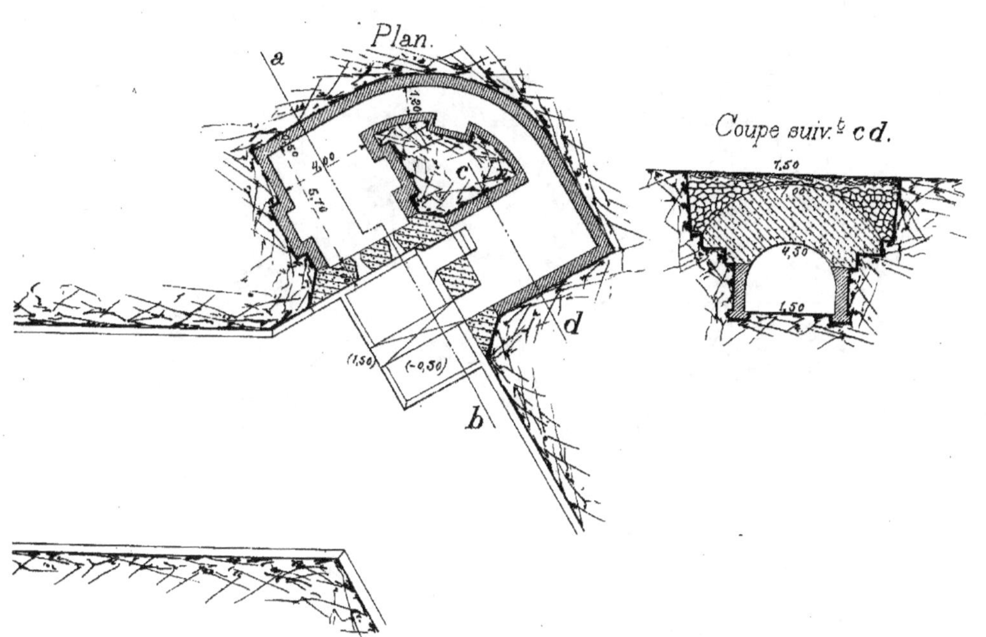

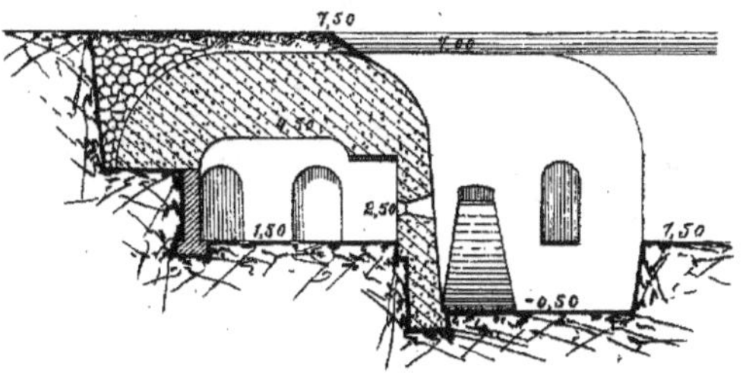

Coupe suiv.ᵗ a b.

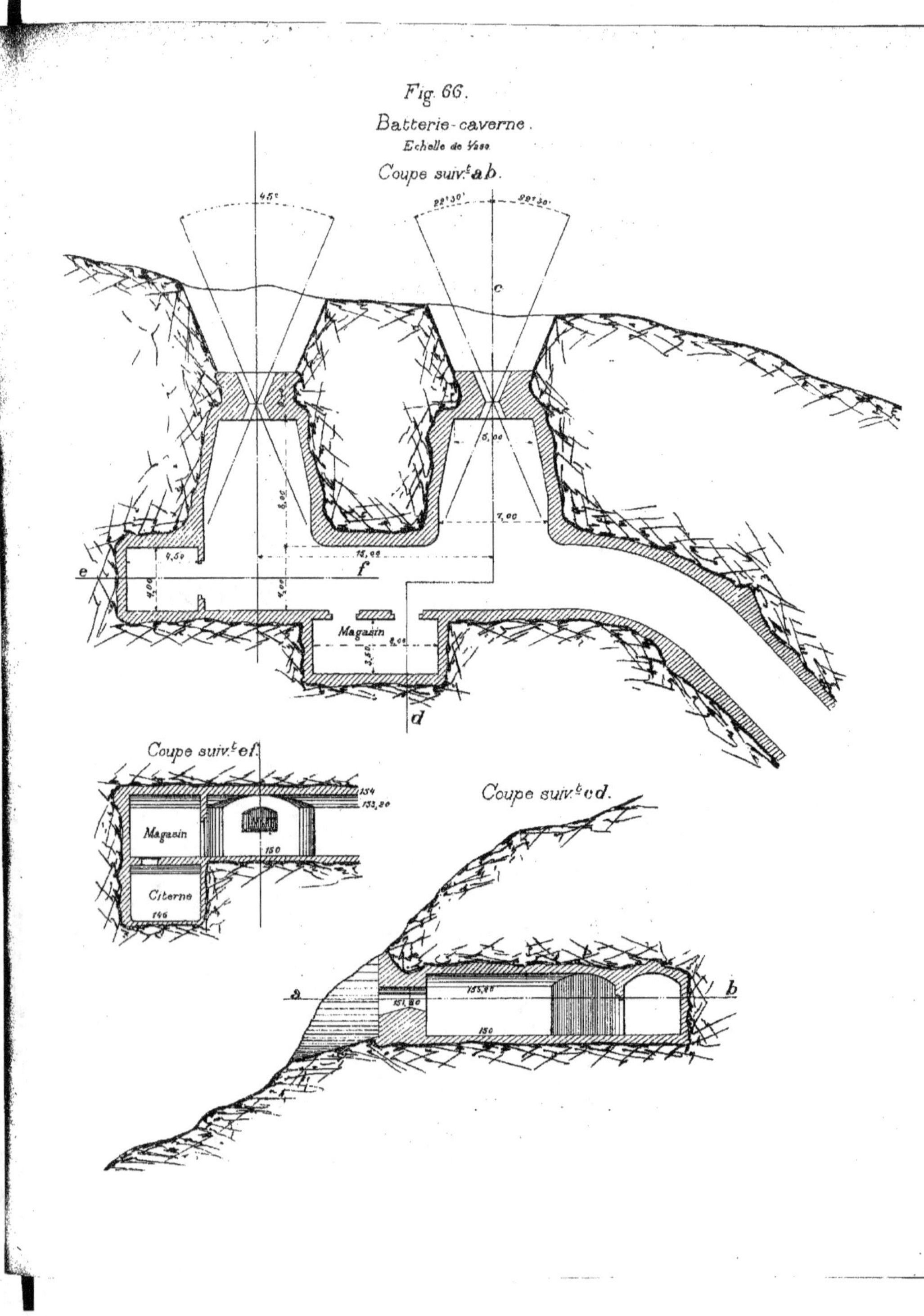

Fig. 66.
Batterie-caverne.
Echelle de 1/200.
Coupe suiv.t a.b.
45°
22°30'
90°30'
c
5,00
8,00
7,00
11,00
e
f
4,50
4,00
Magasin
8,00
3,50
d
Coupe suiv.t e.f.
Magasin
Citerne
154
153,20
150
146
Coupe suiv.t c.d.
a
155,80
151,80
150
b

Fig. 67.

Exemple de revêtement en zinc à l'intérieur d'une casemate-caverne. $\left(\frac{1}{50}\right)$.

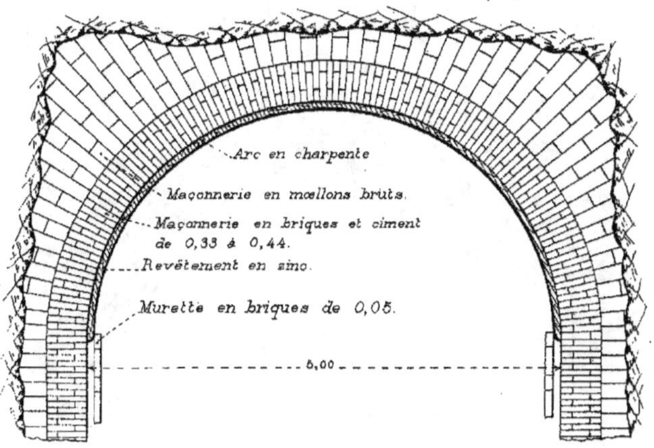

Fig. 68.

Exemple de revêtement en tôle ondulée à l'intérieur d'une casemate-caverne. $\left(\frac{1}{50}\right)$.

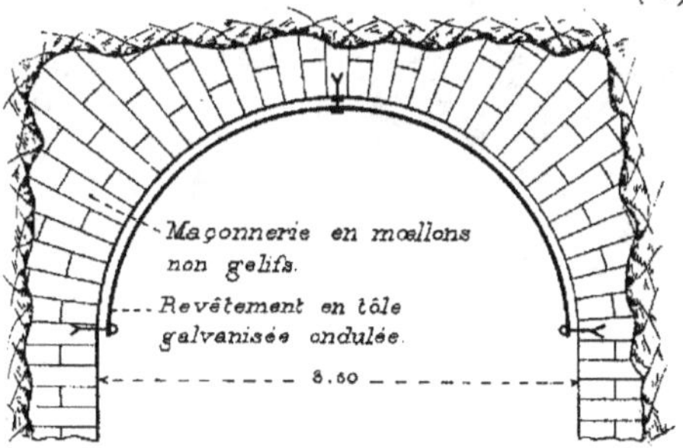

Assemblage de 2 tôles ondulées.

Fig. 69.

Détails d'org.^on d'une double enveloppe en briques à l'int.^r d'une casemate-caverne. $\left(\frac{1}{50}\right)$.

Coupes

entre 2 arcs doubleaux.   dans l'arc doubleau.

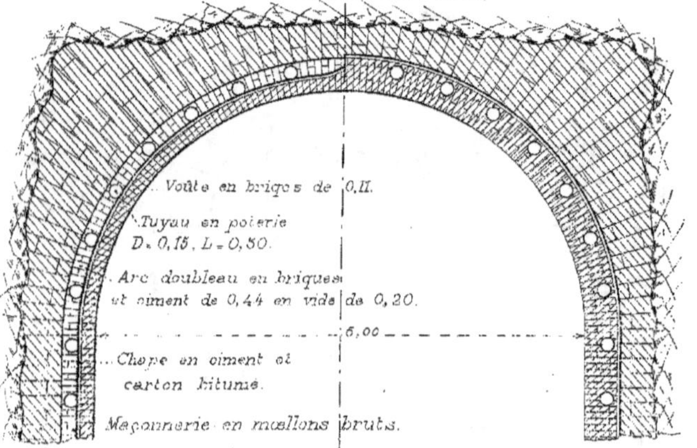

Fig. 69.bis

Terrain moins solide, 1.er revêtement en mœllons bruts.

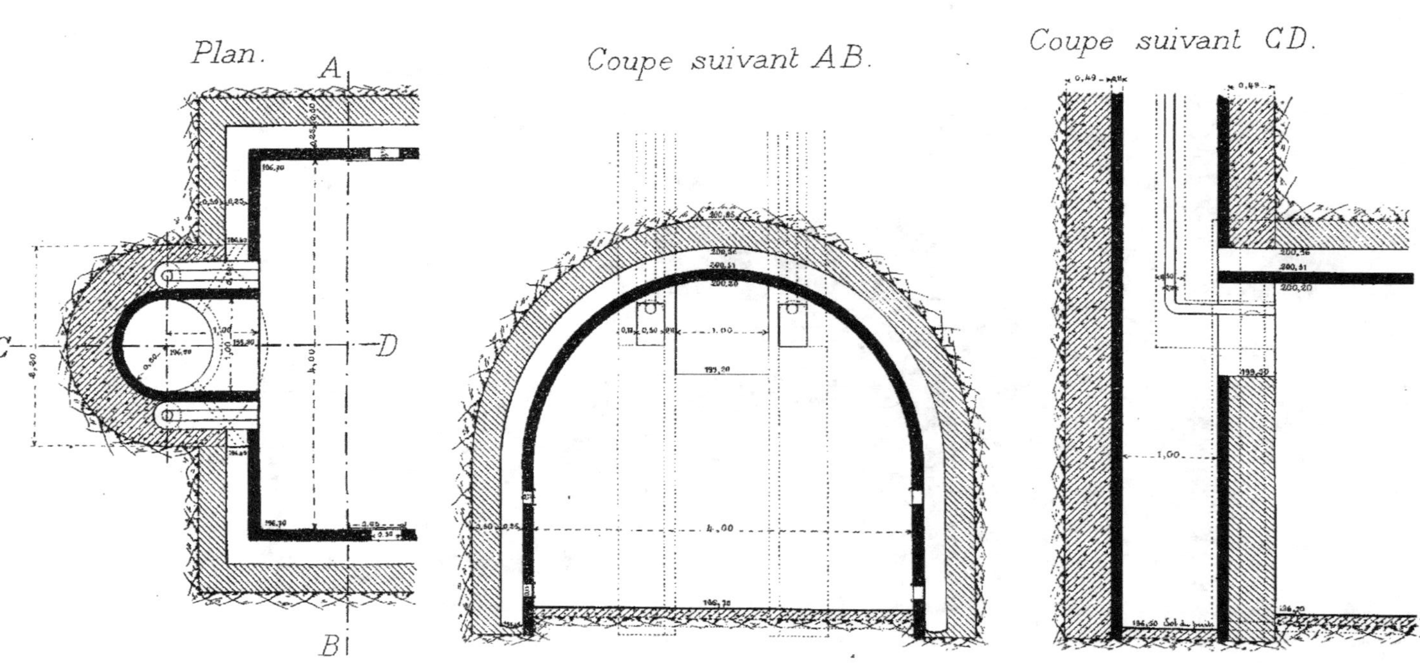

Fig. 70.

Détails d'organisation de la ventilation a l'intérieur d'une casemate-caverne à double enveloppe. $\left(\frac{1}{50}\right)$.

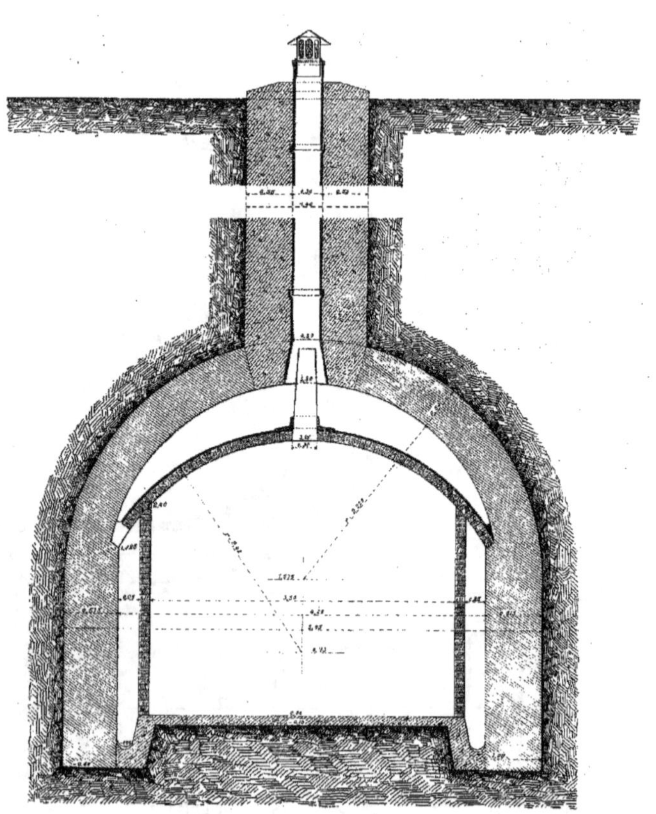

Figure 70 bis
Détails d'assainissement des casemates-cavernes. (2ᵉ Disposᵒⁿ)
Echelle de 1/50.

Fig. 71.

Disposition simplifiée d'une enveloppe légère en briques à l'intérieur d'une casemate caverne de faible portée (roc très solide.)

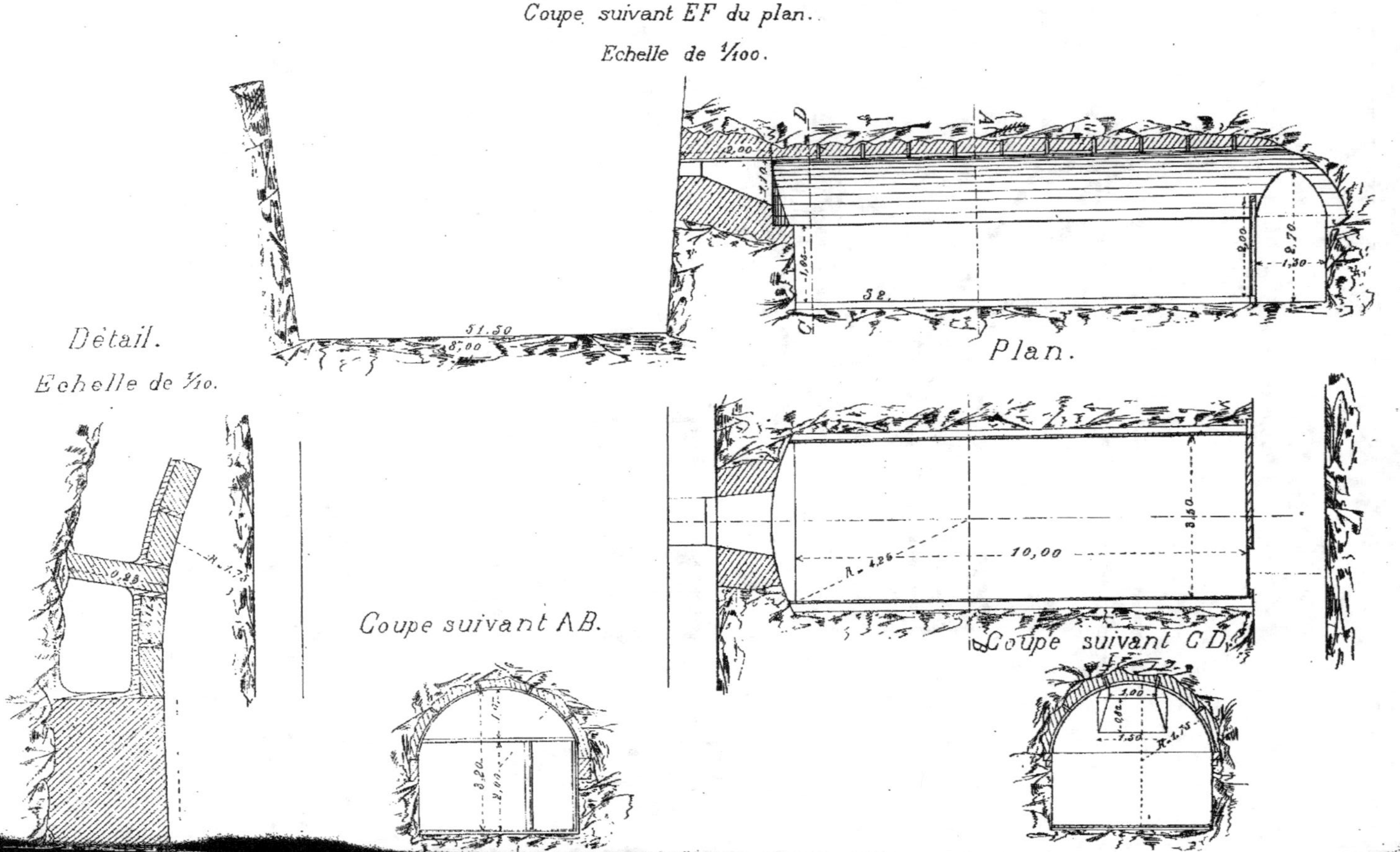
Coupe suivant EF du plan.
Echelle de 1/100.
Dètail.
Echelle de 1/10.
Plan.
Coupe suivant AB.
Coupe suivant CD.
51,50
8,00
2,00
32.
2,70
1,30
3,50
10,00
R = 4,26
1,00
1,50
3,20
0,28

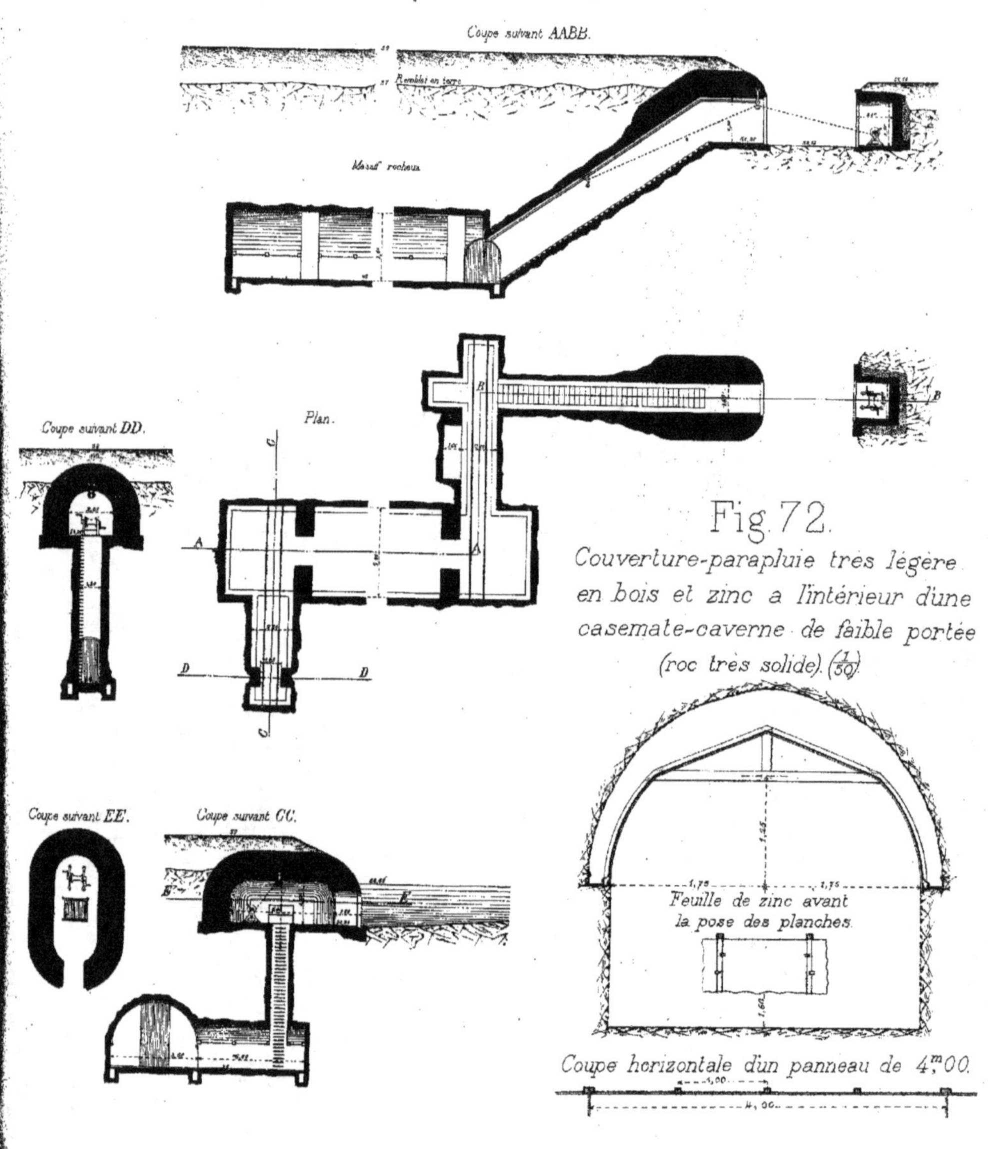

Fig. 73.
Magasin-caverne sous un fort, avec communication horizontale et monte-charge
Echelle de 1/250.
Coupe suivant AABB.
Remblai en terre.
Massif rocheux.
Coupe suivant DD.
Plan.
A   A
D   D
Coupe suivant EE'.
Coupe suivant GG'.
Fig. 72.
Couverture-parapluie très légère
en bois et zinc a l'intérieur d'une
casemate-caverne de faible portée
(roc très solide). (1/50)
Feuille de zinc avant
la pose des planches.
Coupe horizontale d'un panneau de 4m00.

Fig. 74.

Magasin-caverne sous le glacis d'un fort.

Plan. $\left(\frac{1}{500}\right)$.

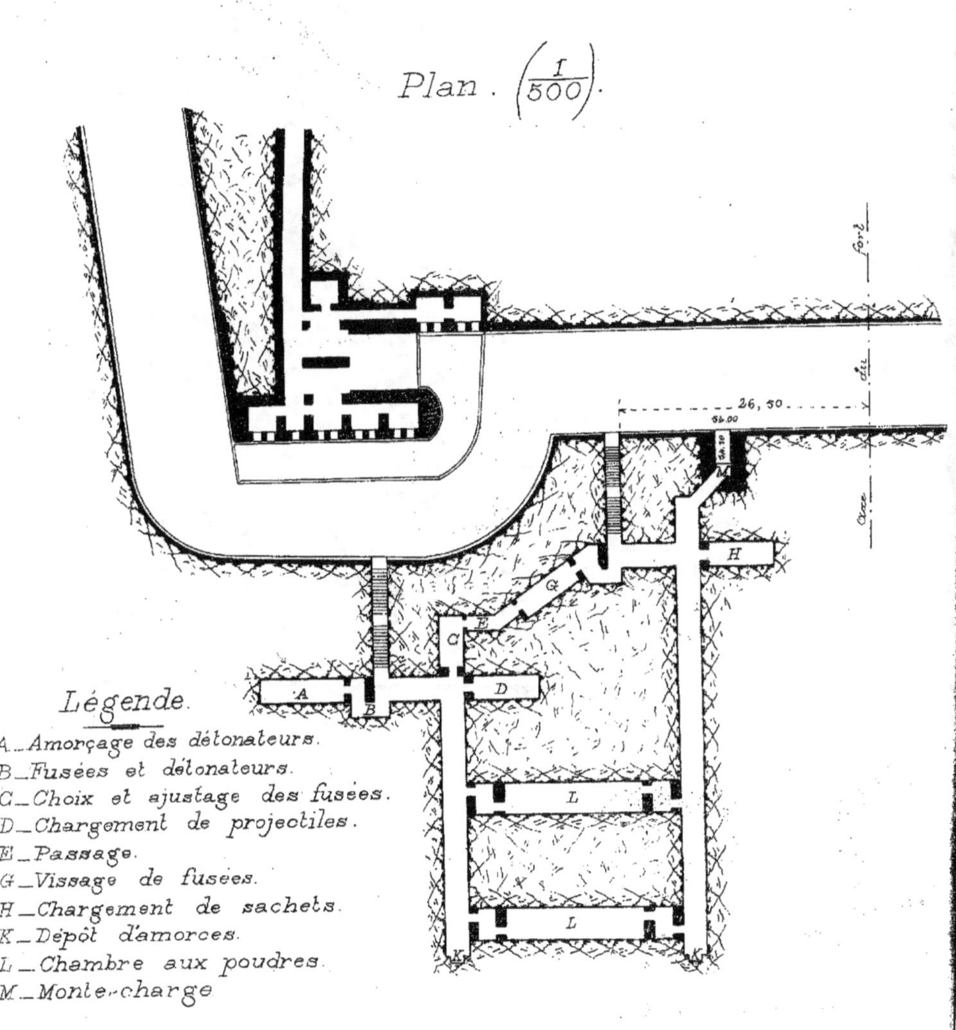

Légende.

A — Amorçage des détonateurs.
B — Fusées et détonateurs.
C — Choix et ajustage des fusées.
D — Chargement de projectiles.
E — Passage.
G — Vissage de fusées.
H — Chargement de sachets.
K — Dépôt d'amorces.
L — Chambre aux poudres.
M — Monte-charge

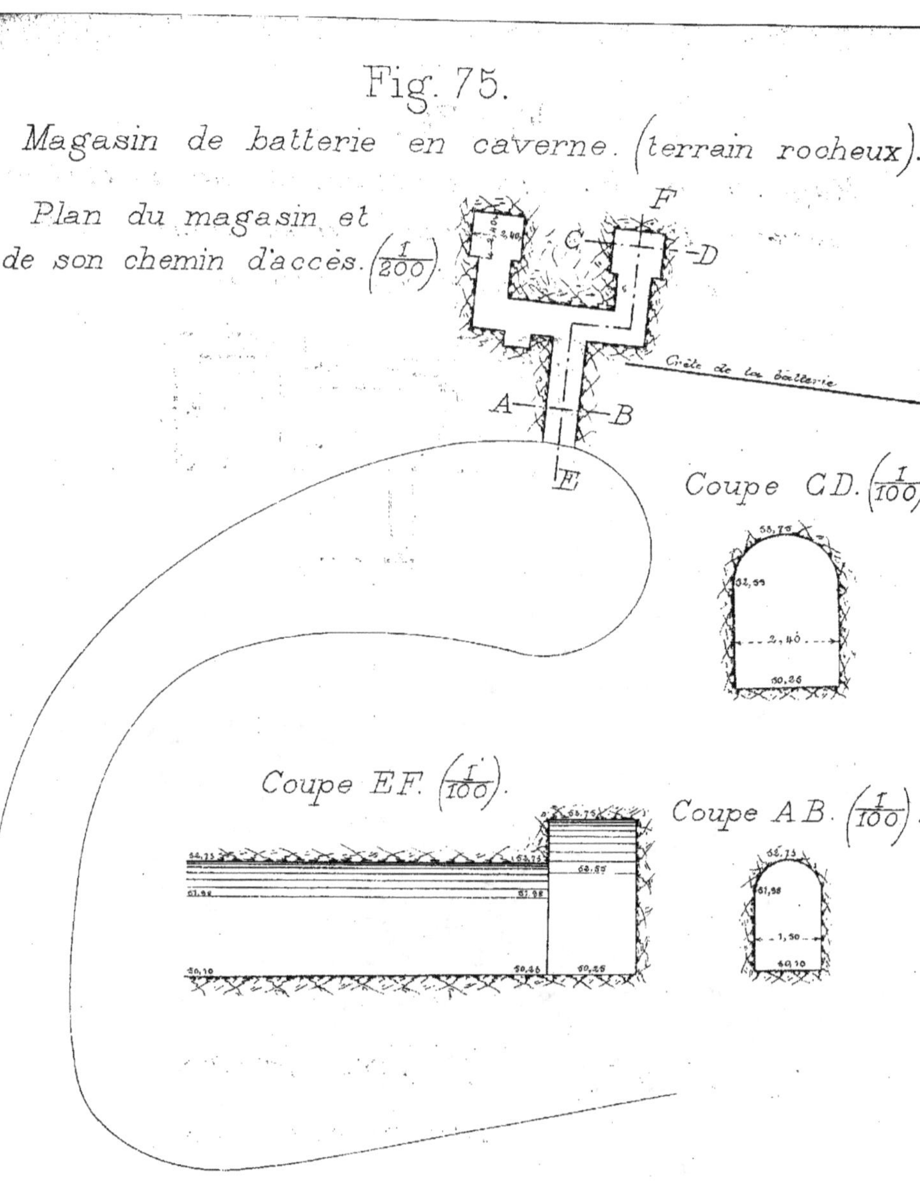

Fig. 75.
Magasin de batterie en caverne. (terrain rocheux).
Plan du magasin et de son chemin d'accès. (1/200)
F
C
D
Crête de la batterie
A
B
E
Coupe CD. (1/100).
Coupe EF. (1/100).
Coupe AB. (1/100).

Fig. 76.
Magasin de batterie enfoncé, au ras du sol, en
arrière d'une pente douce. (terrain ordinaire). $\left(\frac{1}{200}\right)$.
Plan du magasin et de sa route d'accès.

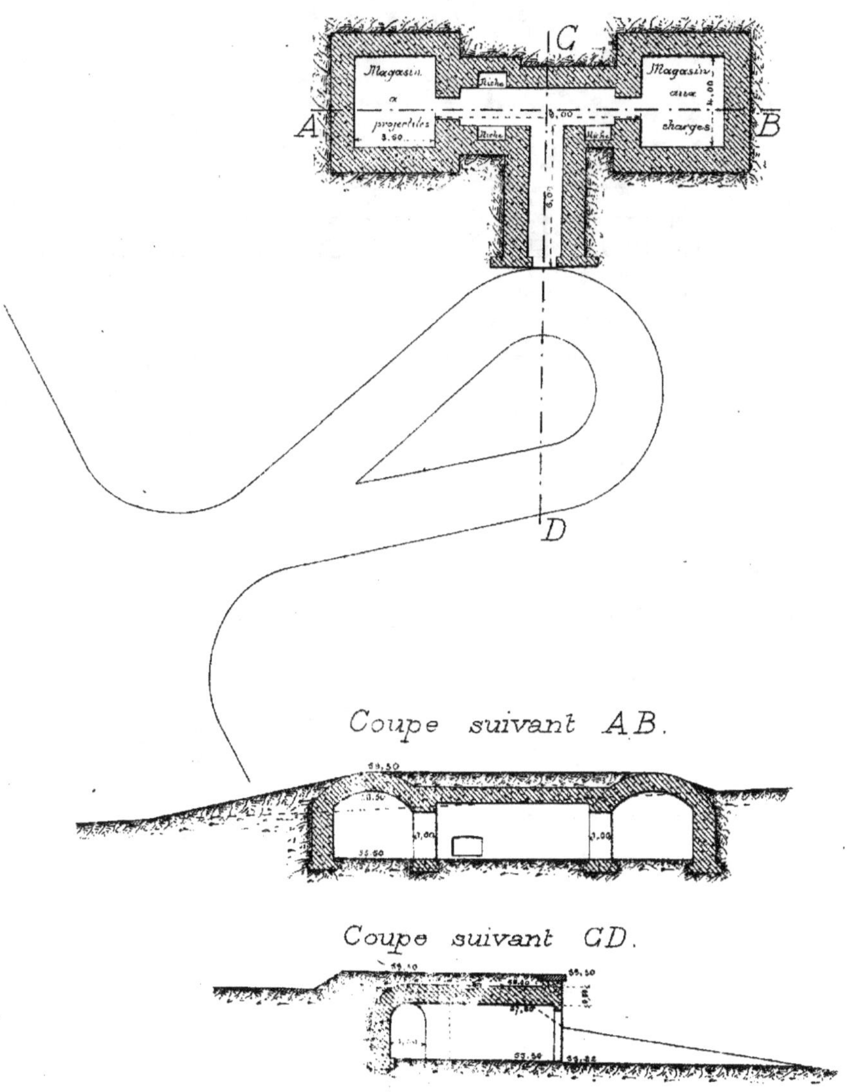

Magasin à projectiles
Niche
Magasin aux charges
Niche
Niche
A
B
C
D
Coupe suivant AB.
Coupe suivant CD.

Fig. 77.

Magasin de batterie formé d'une série de petits abris en maçonnerie partie en remblai, partie en déblai. (terrain plat mais couvert).

Plan. $\left(\frac{1}{200}\right)$.

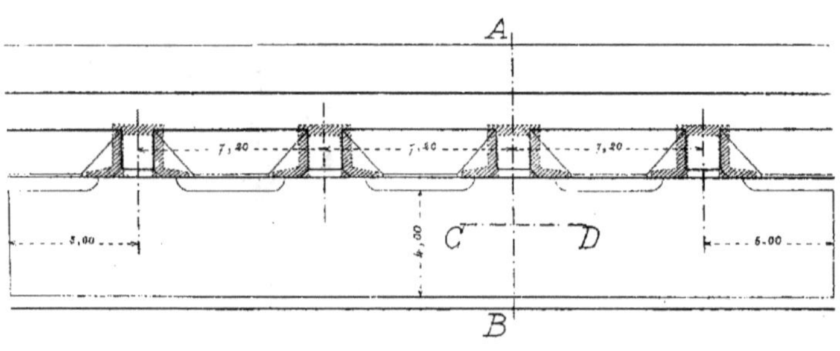

Coupe suivant AB. $\left(\frac{1}{100}\right)$.   *Elévation suivant CD. $\left(\frac{1}{100}\right)$.*

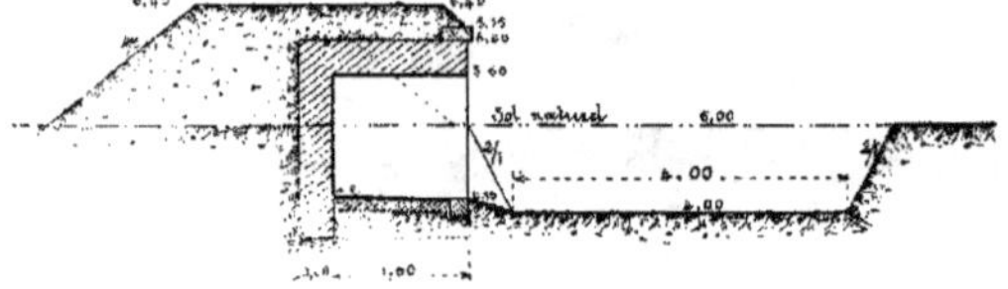

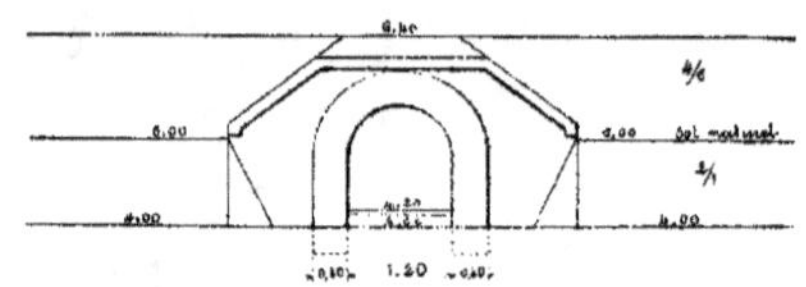

Fig.78.

Dépôt intermédiaire établi en souterrain (magasin débouchant directement à l'extérieur). ($\frac{1}{100}$)

Plan.

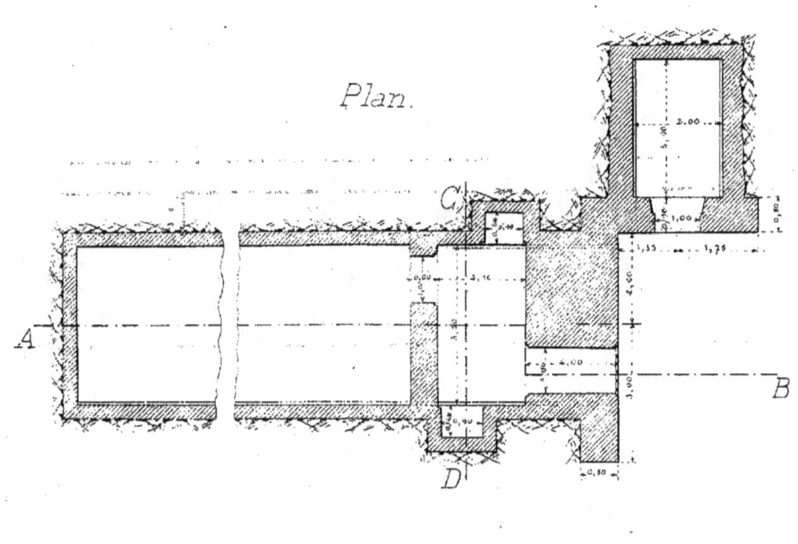

Coupe suivant AB.

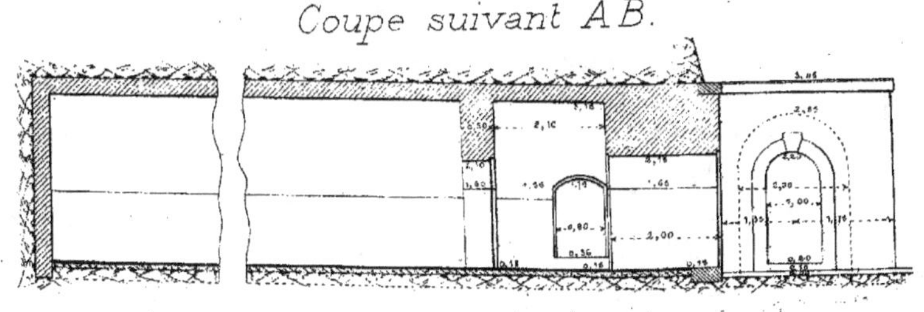

Coupe suivant CD.

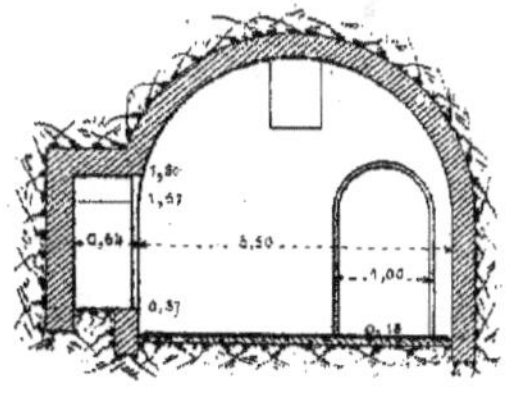

Fig. 79.

Dépôt intermédiaire établi en souterrain. (magasin
complètement enfoui sous le sol avec couloirs d'accès
débouchant à l'extérieur). $\left(\frac{1}{200}\right)$.

Plan.

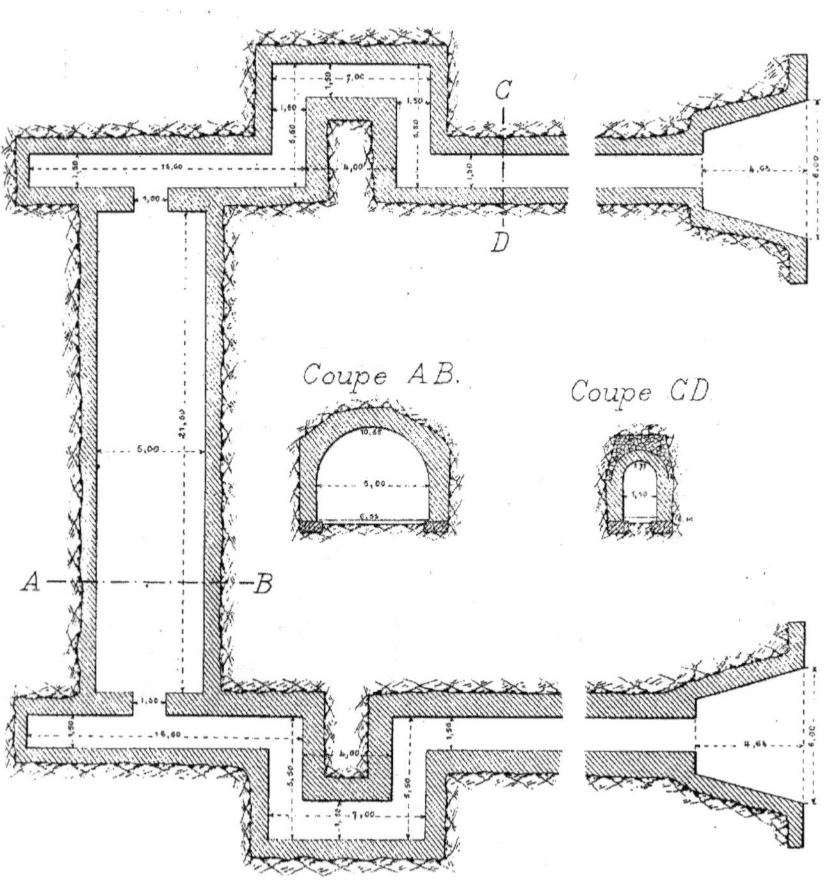

Fig. 80.

Dépôt intermédiaire établi en souterrain.
(magasin formé de plusieurs locaux séparés). $\left(\frac{1}{250}\right)$.

Plan.

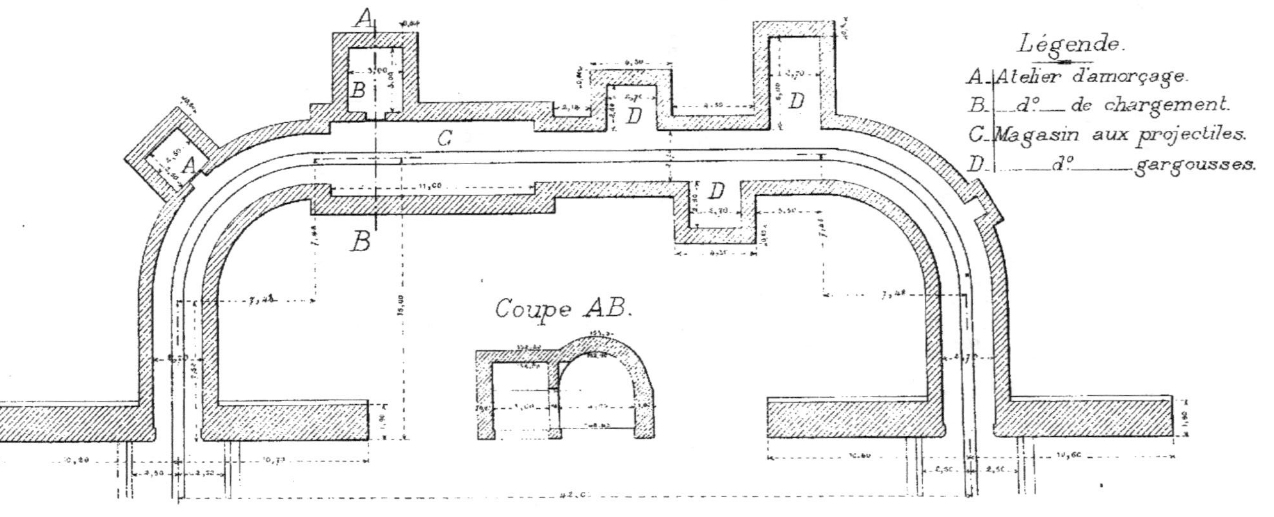

Fig. 80 bis.

Plan au $\frac{1}{500}$ de l'entrée du dépôt intermédiaire.

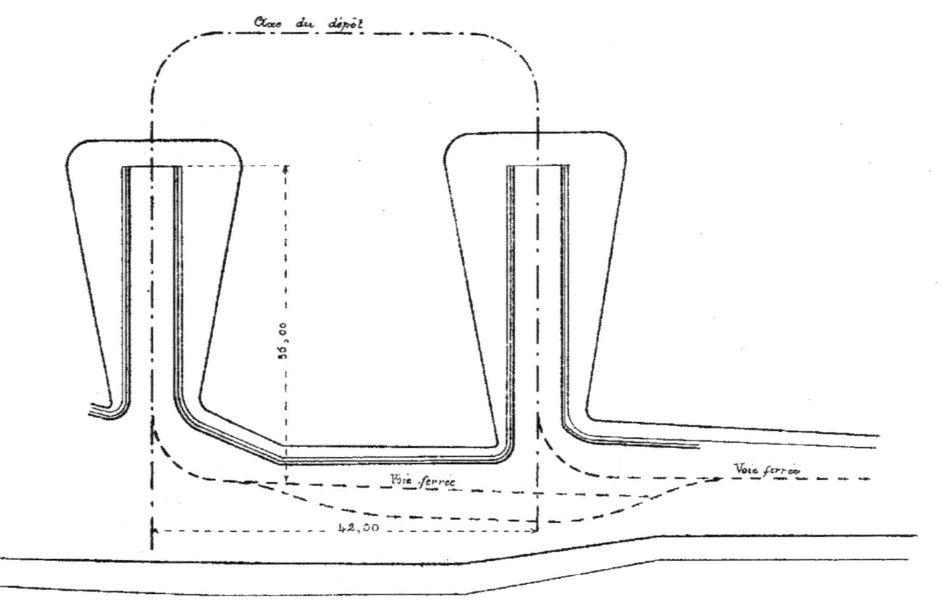

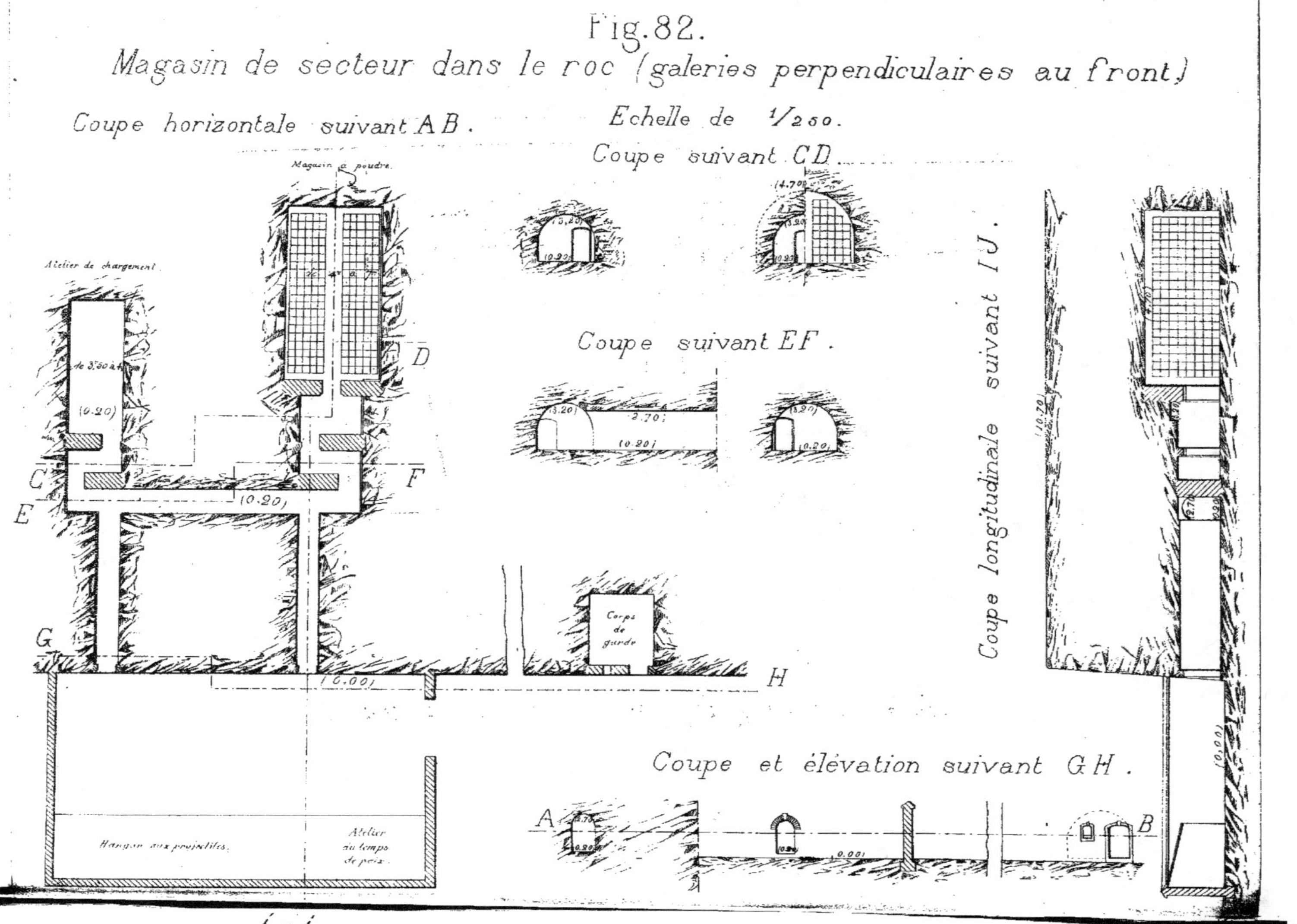

Fig.82. — Magasin de secteur dans le roc (galeries perpendiculaires au front)

Fig. 83.

Magasin de secteur avec disposition nouvelle de locaux pour la préparation et le dépôt momentané des munitions, et leur installation en double à ciel ouvert.

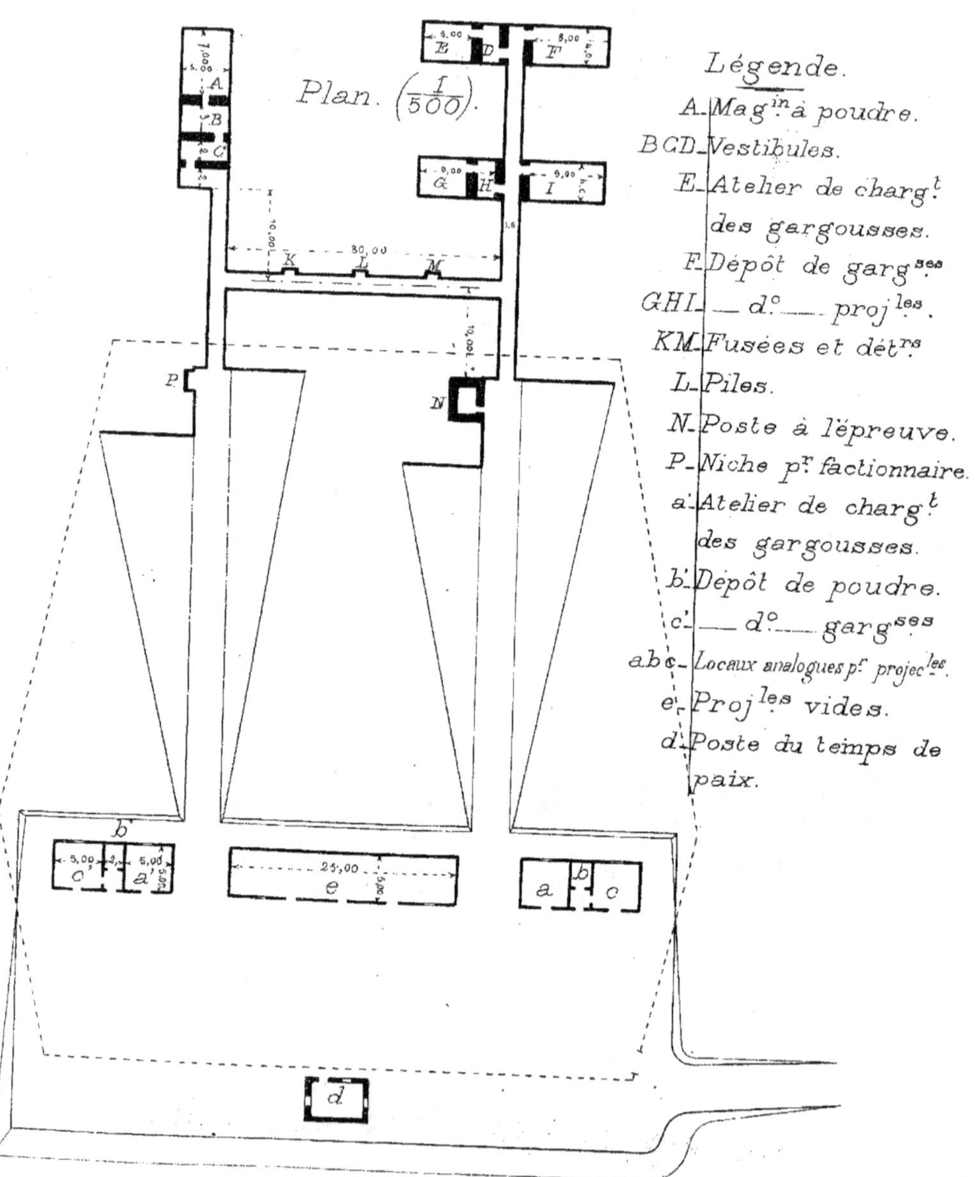

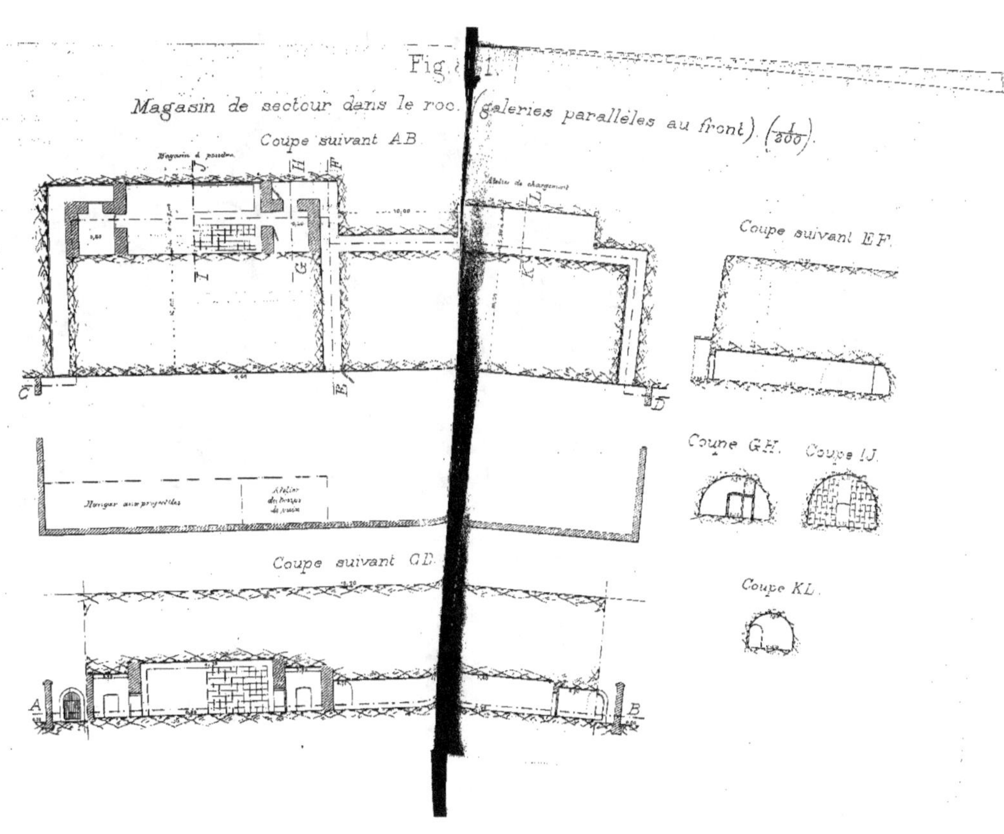

Fig. 1.
Magasin de secteur dans le roc (galeries parallèles au front) (1/200).
Coupe suivant AB
Coupe suivant EF
Coupe GH.
Coupe IJ.
Coupe KL.
Coupe suivant CD.
Magasin à poudres.
Atelier de chargement.
Hangar aux projectiles
Atelier des bagues de voûte

Fig. 84.

Magasin de secteur sous tunnel pour voie de garage.

Plan. $\left(\frac{1}{1000}\right)$

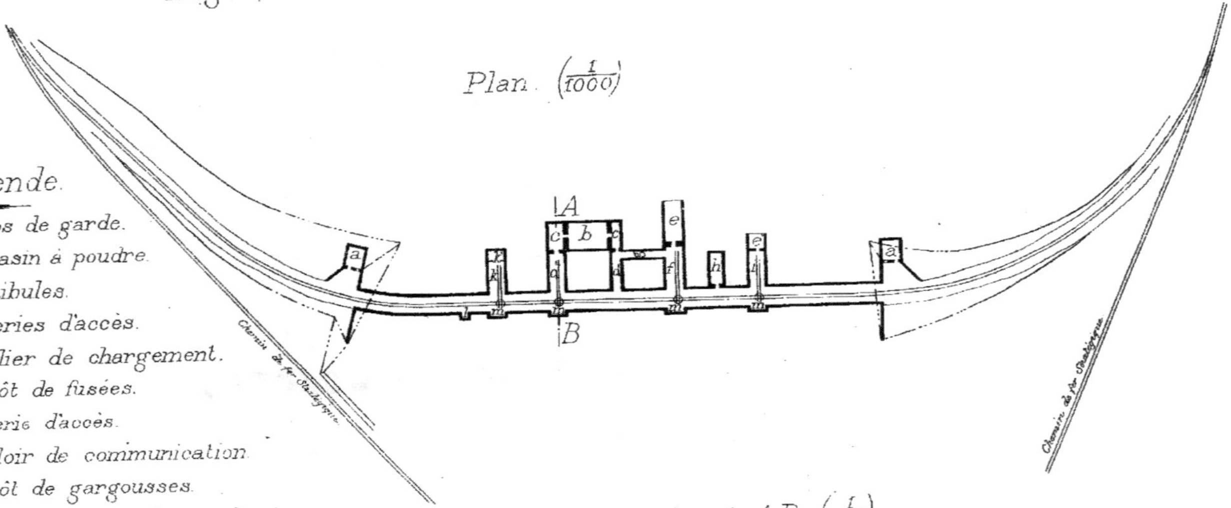

Légende.

Magasin à poudre.
- a. Corps de garde.
- b. Magasin à poudre.
- c. Vestibules.
- d. Galeries d'accès.
- e. Atelier de chargement.
- e'. Dépôt de fusées.
- f. Galerie d'accès.
- g. Couloir de communication.

Dépôt intermédiaire.
- h. Dépôt de gargousses.
- i. Dépôt de projectiles ordinaires.
- k. ——— d° ——— à mélénite.
- k'. Atelier d'amorçage.
- l. Amorces.
- m. Niches de garage.

Coupe suivant AB. $\left(\frac{1}{200}\right)$

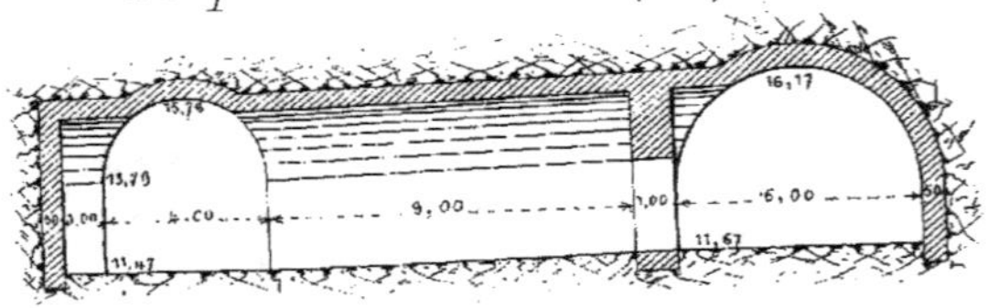

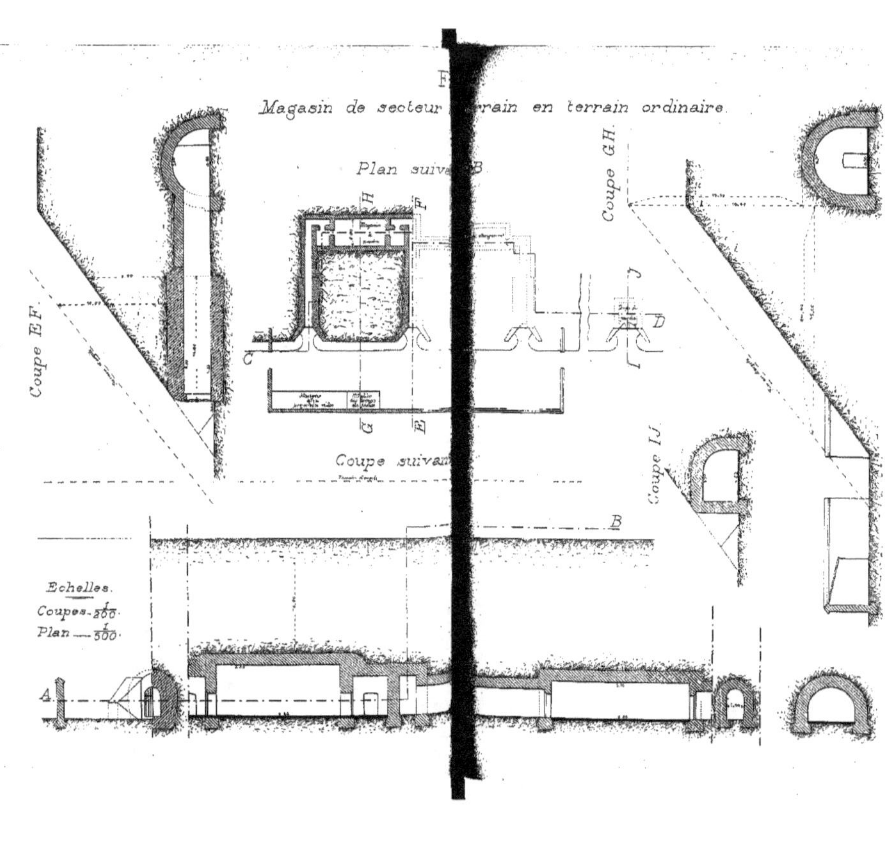
Magasin de secteur enterré en terrain ordinaire.
Plan suivant AB.
Coupe EF.
Coupe GH.
Coupe IJ.
Coupe suivant
Echelles.
Coupes 1/300.
Plan 1/500.
A
B
C
D
E
F
G
H
I
J

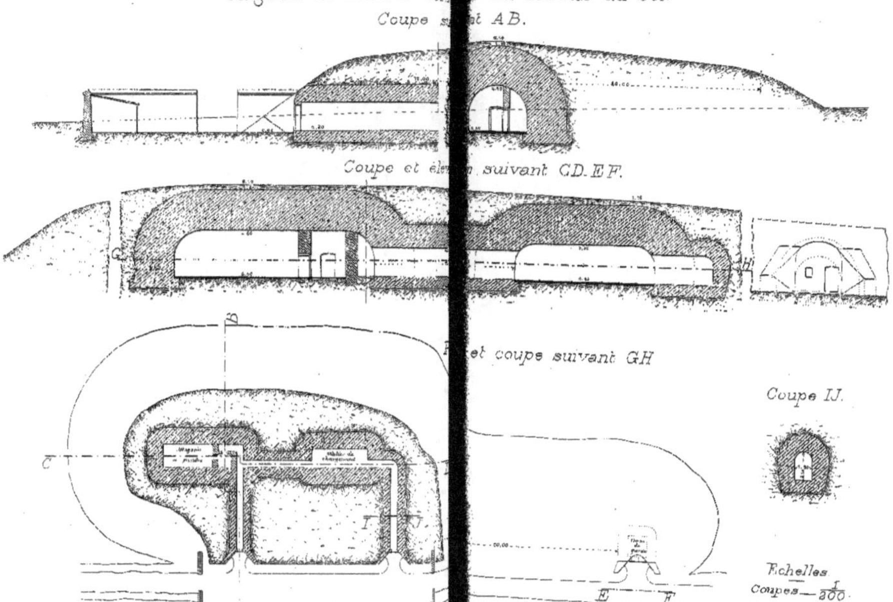

Fig.
Magasin de secteur en neuf au dessus du sol.
Coupe suivant AB.
Coupe et élévation suivant CD. EF.
et coupe suivant GH
Coupe IJ.
Échelles
Coupes — 1/200.
Plan — 1/500.